Ionic学习手册

［印度］Arvind Ravulavaru 著
刘明骏 李阳 等译

人民邮电出版社
北京

图书在版编目（CIP）数据

Ionic学习手册 /（印）阿温德·拉维拉瓦由（Arvind Ravulavaru）著；刘明骏等译. -- 北京：人民邮电出版社，2017.6（2017.12重印）
ISBN 978-7-115-45340-2

Ⅰ. ①I… Ⅱ. ①阿… ②刘… Ⅲ. ①移动终端—应用程序—程序设计—手册 Ⅳ. ①TN929.53-62

中国版本图书馆CIP数据核字（2017）第079780号

版权声明

Copyright © 2015 Packt Publishing. First published in the English language under the title Learning Ionic. All Rights Reserved.

本书由英国Packt Publishing公司授权人民邮电出版社出版。未经出版者书面许可，对本书的任何部分不得以任何方式或任何手段复制和传播。

版权所有，侵权必究。

◆ 著　　[印度] Arvind Ravulavaru
　译　　刘明骏　李　阳　等
　责任编辑　傅道坤
　责任印制　焦志炜

◆ 人民邮电出版社出版发行　北京市丰台区成寿寺路11号
　邮编　100164　电子邮件　315@ptpress.com.cn
　网址　http://www.ptpress.com.cn
　固安县铭成印刷有限公司印刷

◆ 开本：800×1000　1/16
　印张：21.25
　字数：417千字　　　　　　　2017年6月第1版
　印数：2 001—2 300册　　　2017年12月河北第2次印刷

著作权合同登记号　图字：01-2016-2076号

定价：69.00元
读者服务热线：(010)81055410　印装质量热线：(010)81055316
反盗版热线：(010)81055315
广告经营许可证：京东工商广登字20170147号

内容提要

Ionic 是一个用来开发混合手机应用的开源代码库，它可以优化 HTML、CSS 和 JavaScript 的性能，构建高效的应用程序。

本书作为 Ionic 的学习手册，重点讲解了使用 Ionic 来开发移动混合应用的方法。本书共分为 9 章，内容包含 Ionic 产生的背景、依赖的技术和简单介绍，Ionic 的组件构成，如何使用 SCSS 更改 Ionic 的主题，如何使用 Ionic 的指令和服务加速开发，通过一个示例来详解 Ionic 的开发步骤，如何借助于 Cordova 和 ngCordova 与设备的功能进行集成，综合利用所学知识开发一个聊天 App，以及与发布 Ionic App 相关的知识。

本书内容实用、步骤详细，适合对移动应用开发感兴趣的读者阅读。

序

本书是 Arvind Raulavaru 耗费了数月，精心编写的。我和 Arvind Raulavaru 有过多次合作，每次合作都十分愉快，他是一名优秀的开发者和作者。本书是一本很好的 Ionic 入门图书，提供了丰富而详细的实例，即便是经验并不丰富的开发者也会大有收获。

本书不仅讲解了如何安装 Ionic，还说明了如何构建出原生安装包。此外，本书还涉及了大量 Ionic 的基础知识，比如 Ionic 的组件、UI-router 导航、自定义样式以及 Ionic 特有的 API。最后，作者还提供了一个书店 App 的实例和一个实时聊天 App 的实例。

对于经验丰富的开发者来说，本书详解了如何通过 Cordova 的插件机制来使用设备原生 API。你将学到如何在 AngularJS 语法中使用 ngCordova（Ionic 团队的另一个项目）和 Cordova 插件。在聊天 App 实例中，本书会讲到如何连接外部数据库，比如 Firebase，同时还会讲解如何在多设备间同步数据。

在加入 Ionic 团队之前，我曾为另一家公司制作了许多内部的混合模式 App（Hybrid App），其间评估了多个框架，最终选择了 Ionic。我之所以选择 Ionic，是因为它的完备性，它提供了一套完备的混合移动开发的解决方案，大量常用的功能在 Ionic 中都有提供。我不用关心如何搭建一套好的 App 框架，只需要关心如何实现我的 App 功能即可。

Ionic 提供了完整的混合模式移动应用开发的生态系统，是一种替代原生开发的优秀方案——成本低、性能高。2015 年的五月我们先发布了 Ionic 的稳定版本，随后我们又发布了三个平台服务。在支持开源的 IonicSDK 上，我们仍将不遗余力地加紧迭代。在 Ionic 中，我接触到了很多开发者，有经验丰富的，也有新手，大家互相学习、探讨，让我深深感受到了大家对 Ionic 的热爱，Ionic 社区是多么的有热情洋溢、积极向上。

你将发现本书会是 Ionic 的全面介绍，你也会通过本书来学习一些 SDK 相关的知识。感谢你成为 Ionic 社区的一员。请享受阅读本书的乐趣！

Ionic 团队核心成员

Mike Hartington

关于作者

Arvind Ravulavaru 是一名全能的全栈工程师，在软件开发方面已经有超过 6 年的经验了。最近两年，他主要从事 JavaScript 相关的研发工作，涉及客户端和服务器端。在此之前，Arvind 主要从事大数据分析、云存储等工作。此外，Arvind 还擅长使用多种数据库以及 Java 和 ASP.NET 架构应用程序。

一年半前，Arvind 开始写博客（名为 The Jackal of JavaScript）（http://thejackalofjavascript.com），Arvind 经常会在博客中写些使用 JavaScript 编写整个应用程序的文章。此外，他还写了许多其他主题的文章，比如使用 JavaScript 分析 DNA、使用 JavaScript 做情绪分析、通过 JavaScript 对树莓派编程，还有基于 node-webkit 和 WebRTC 打造的视频聊天客户端。

除此之外，Arvind 还为公司提供技术培训，帮助公司掌握市场上可用的最新的技术和最好的技术。他还举办了一些研讨会，并使用当今一些优秀的工具堆栈来讲解快速成型的方法。Arvind 还提供了在短时间内将一些创意应用到市场中的信息。

Arvind 还不断地为开源社区做贡献，为开发人员提供便利。作为顾问，Arvind 还常常提出一些中肯的商业建议（技术相关），以此推动整个行业的发展。

Arvind 最近在海德拉巴市开设了自己的公司，这家公司致力于以可接受的价格提供人人可享的物联网相关产品。

Arvind 的博客地址是 http://thejackalofjavascript.com。

同时，Arvind 还是 *Data-oriented Development with AngularJS* 一书的审稿人。

致谢

感谢史蒂夫·乔布斯，他的事迹鼓舞着我，激励着我。高价卖出一件人们并不十分需要的产品是十分困难的，但他一次又一次地做到了，从 Mac book 到 Apple Watch。安息吧，乔布斯先生。

感谢我的家人，感觉千言万语都无法表达出我的感激之情，特别是对我的母亲。他们与我一同度过了快乐时光，也一同克服艰难困苦，无时无刻不在鼓励着我。没有他们的帮助，我无法取得今天的成就。

此外，我还要特别感谢 Nicholas Gault 和 Andrew Nuss，感谢你们对我的支持与鼓励。

感谢 Udaykanth Rapeti 赠予我的金玉良言："要想真正成功，先将自己数字化[1]。"特别感谢我的同事 Karthik Naidu 和 Pavan Musti。这是最好的时代！

感谢 Ali Baig（自称 yoda），感谢他提供的各种建议和见解。我在 Accenture 和 Cactus 迸发出了大量的想法，我珍视和同事们一同学习、玩乐、摇滚的日子。

这里还要感谢我的初恋。你教会了我很多，让我成为了更优秀的人。我们的分手是我寄情于工作的原因，这也造就了我的今天。十分感谢。

本书共有 9 章和一篇附录，编写起来也是工程浩大，又是编辑又是审阅。真诚地感谢 Merwyn D'souza（本书的内容开发编辑），感谢 Bramus Van Damme、Ian Pridham 和 Indermohan Singh（本书的审稿人），因为他们本书才变得出色。很荣幸能和 Shashank Desai（本书的技术编辑）合作。还要感谢 Nikhil Nair 以及 Packt Publishing 团队中的所有人，你们让一切成为可能。

十分感谢 Hemal Desai 找到我编写本书，没有她就没有这本书。

特别感谢的是我博客的读者，你们是好样的！

最后，感谢开发者社区的 Robin Hoods，感谢你开发并共享的代码！

---

[1] 译者注：指的是多开设博客等，让自己在互联网有存在感。

关于审稿人

Bramus Van Damme 是比利时的一位 Web 爱好者，1997 年互联网诞生时，他就对互联网产生了浓厚的兴趣。

Bramus Van Damme 以 Web 开发人员的身份在多家 Web 机构从事了多年的研发工作，然后在比利时的一所技术大学中讲授 Web 技术。他不仅教授 HTML、CSS 和 JavaScript，还教授 SQL 的使用。作为一名讲师，他还负责编写和维护服务器端脚本语言（PHP）和 Web 及移动开发课程。

从事了 7 年的教育工作后，他又加入了 Small Town Heroes（位于比利时的根特），为电视提供更具交互性的解决方案。

Bramus 也是使用了 RDS moniker(https://www.3rds.be/)的自由职业者。他会定期参加一些 Web 聚会和会议，并发表演讲。当他看到优化且安全的代码时，会发自内心的高兴。

闲暇时间，他研究 Web 相关的技术，以此来更新他的博客（https://www.bram.us/）。作为一名侦查兵，他对地图技术十分痴迷。他还结合了他的技术知识，审阅了 *Google Maps JavaScript API Cookbook* 一书。

目前，他和他的儿子 Finn 和女儿 Tila 住在比利时的芬克特，另外，他还喜欢小猫。

Ian Pridham 是一名具有 15 年研发经历的全栈工程师，现居住在伦敦。Ian 为 Department of Transport（一个政府的客户端）创建了电动汽车充电点的 API，同时还为 SB.TV（英国领先的在线青年广播公司）开发了网站。这个网站的特色是能在 Google 的 Chrome 浏览器上投放电视广告。此外 Ian 为用 AngularJS/Ionic 创业的企业提供咨询和开发服务，以便能让他们的想法更快地投放市场。目前他担任 OpenPlay（一家活动市场平台公司）的 CTO。

Indermohan Singh 是一名 Ionic 开发人员，同时也是一名热情的创业者，他在美丽的卢迪亚纳城市运营着一家移动应用程序开发工作室。他也是 Ragakosh（印度古典音乐学习

App）的创始人。Indermohan 的博客地址是 http://inders.in，他在卢迪亚纳举办了 AngularJS 的聚会。他同时也是 Sublime Text 和 Atom Editor 的 Ionic 插件开发人员。如果他不在计算机前，那么他就有可能在弹他的塔布拉鼓（一种乐器）。

> 感谢我的家庭——我的父母以及兄弟，感谢你们在我审阅本书期间提供的帮助。也感谢上苍能给予我强壮的身体以及良好的教育，让我有能力审阅此书。

前言

使用 Ionic 可以很容易地构建移动混合应用。无论是集成 REST API 端点的简单 App，还是涉及大量原生功能的复杂 App，我们都可以通过 Ionic 提供的简单 API 和功能来方便地创建 App。

只要我们会 HTML、CSS 以及 AngularJS，就可以将我们的想法通过几行代码做成 App。

在本书中，我们就将介绍如何做到这一切。

本书组织结构

第 1 章，Ionic——基于 AngularJS 框架，将带你领略 AngularJS 的强大能力，说明 Ionic 选择它的原因。

第 2 章，Ionic 入门，介绍了移动混合应用框架 Cordova。通过它，Ionic 可以起到更大的作用，构建更强的 App。本章还会介绍如何安装 Ionic 开发所需要的软件。

第 3 章，Ionic CSS 组件和导航，教你如何在开发移动 Web 应用时，像使用 CSS 框架那样使用 Ionic。本章还介绍如何在 AngularJS 中集成 Ionic CSS，以及如何使用 Ionic 中的路由功能。

第 4 章，Ionic 和 SCSS，探讨如何使用内置的 SCSS 支持来更改 Ionic 的主题。

第 5 章，Ionic 指令和服务，介绍了如何使用 Ionic 内置的指令（Directive）和服务（Service），并通过它们加快开发速度。

第 6 章，构建书店 App，运用目前为止所学的知识构建一个使用了安全的 REST API 的 Ionic 客户端。本章介绍了开发 Ionic App 的详细步骤（这会用到 REST API 端点）。

第 7 章，Cordova 和 ngCordova，学习如何在 Ionic App 中使用 Cordova 和 ngCordova

调用设备的原生功能，如摄像机和蓝牙等。

第 8 章，构建聊天 App，运用所学的知识构建一个可以注册、登录、相互交流以及分享图片和位置的聊天 App。

第 9 章，发布 Ionic 应用，主要介绍如何借助于 Ionic CLI 和 PhoneGap 构建系统，为使用 Cordova 和 Ionic 开发的 App 构建安装包。

附录 A，其他实用命令及工具，讨论如何高效使用 Ionic CLI 和 Ionic 云服务来构建、部署和管理你的 Ionic 应用。

阅读本书的前提

要用 Ionic 开发 App，我们需要对 HTML、CSS、JavaScript 以及 AngularJS 有一定了解。如果了解移动应用、设备的原生功能和 Cordova，那就更好了。

同时，如果要使用 Ionic，还需要安装 Node.js、Cordova CLI 和 Inoic CLI。如果你还需要加入一些主题支持和其他第三方类库的话，还需要安装 Git 和 Bower。如果你要使用设备的原生能力，比如相机或蓝牙，你还需要安装移动操作系统。

本书读者对象

本书适合想要使用 Ionic 来开发混合移动应用的人阅读。如果你想要处理 Ionic 应用的主题、与 REST API 进行集成，或者想学习可以使用 ngCordova 来调用设备功能（比如相机和蓝牙）的知识，也可以阅读本书。

了解 AngularJS 对于学习本书至关重要。

目录

第 1 章 Ionic——基于 Angular JS 框架 ... 1
- 1.1 理解 SOC（关注分离）... 2
- 1.2 AngularJS 组件 ... 4
- 1.3 AngularJS 指令（directive）... 8
- 1.4 AngularJS 服务 ... 14
- 1.5 AngularJS 资源 ... 17
- 1.6 总结 ... 17

第 2 章 Ionic 入门 ... 18
- 2.1 移动混合架构 ... 18
- 2.2 什么是 Apache Cordova ... 19
- 2.3 什么是 Ionic ... 21
- 2.4 程序安装 ... 21
  - 2.4.1 安装 Node.js ... 21
  - 2.4.2 安装 Git ... 22
  - 2.4.3 安装 Bower ... 22
  - 2.4.4 安装 Gulp ... 23
  - 2.4.5 安装 Sublime Text ... 24
  - 2.4.6 安装 Cordova 和 Ionic CLI ... 24
- 2.5 平台介绍 ... 25
- 2.6 Hello Ionic ... 26
- 2.7 配置浏览器开发工具 ... 30
  - 2.7.1 Google Chrome ... 30
  - 2.7.2 Mozilla Firefox ... 31

- 2.8 Ionic 项目结构 32
  - 2.8.1 config.xml 配置文件 33
  - 2.8.2 www 目录 34
- 2.9 构建 tabs 模板 36
- 2.10 构建 side menu 模板 37
- 2.11 generator-ionic 工具简介 38
- 2.12 总结 41

第 3 章 Ionic CSS 组件和导航 43
- 3.1 Ionic CSS 组件 43
  - 3.1.1 Ionic 网格系统 44
  - 3.1.2 页面结构 49
  - 3.1.3 按钮 53
  - 3.1.4 列表 55
  - 3.1.5 卡片 56
  - 3.1.6 字体图标 58
  - 3.1.7 表单元素 59
  - 3.1.8 集成 AngularJS 和 Ionic CSS 组件 65
- 3.2 Ionic 路由 70
- 3.3 总结 87

第 4 章 Ionic 和 SCSS 88
- 4.1 什么是 SASS 88
- 4.2 在 Ionic 项目中安装 SCSS 90
  - 4.2.1 手动安装 91
  - 4.2.2 Ioinc CLI 命令方式安装 92
- 4.3 使用 Ionic SCSS 92
- 4.4 理解如何使用 Ionic SCSS 进行开发 95
- 4.5 使用 SCSS 的操作流程 100
- 4.6 创建一个案例 101
- 4.7 总结 108

第 5 章 Ionic 指令和服务 109

- 5.1 Ionic 指令和服务 ·········· 109
- 5.2 Ionic 平台服务 ·········· 110
  - 5.2.1 registerBackButtonAction ·········· 113
  - 5.2.2 on 方法 ·········· 114
  - 5.2.3 header 和 footer ·········· 115
- 5.3 内容的指令和服务 ·········· 116
  - 5.3.1 ion-content ·········· 117
  - 5.3.2 ion-scroll ·········· 118
  - 5.3.3 ion-refresher ·········· 118
  - 5.3.4 ion-infinite-scroll ·········· 122
  - 5.3.5 $ionicScrollDelegate ·········· 124
  - 5.3.6 导航 ·········· 126
  - 5.3.7 ion-view ·········· 126
  - 5.3.8 Ionic view 的事件 ·········· 128
  - 5.3.9 ion-nav-bar ·········· 129
  - 5.3.10 ion-nav-buttons ·········· 131
  - 5.3.11 $ionicNavBarDelegate ·········· 133
  - 5.3.12 $ionicHistory ·········· 134
  - 5.3.13 选项卡和侧边栏菜单 ·········· 139
- 5.4 Ionic loading 的服务 ·········· 143
  - 5.4.1 Action Sheet ·········· 146
  - 5.4.2 Popover 和 Popup ·········· 148
  - 5.4.3 $ionicPopup ·········· 151
- 5.5 ion-list 和 ion-item 指令 ·········· 158
- 5.6 手势的指令和服务 ·········· 164
- 5.7 总结 ·········· 170

第 6 章 构建书店 App ·········· 171
- 6.1 书店应用程序简介 ·········· 172
- 6.2 书店应用的架构 ·········· 173
  - 6.2.1 服务器端架构 ·········· 173
  - 6.2.2 服务器端 API 文档 ·········· 174

6.2.3 客户端架构 ··· 175
6.2.4 GitHub 上的代码 ··· 176
6.2.5 书店 demo ··· 176
6.2.6 开发流程 ··· 177
6.3 设置服务器 ·· 178
6.4 构建应用程序 ··· 179
6.4.1 步骤 1：构建 side menu 模板 ··· 179
6.4.2 步骤 2：重构模板 ··· 180
6.4.3 步骤 3：构建 authentication、localStorage 和 REST API factory ··· 186
6.4.4 步骤 4：为每个路由增加 controller 并集成 factory ················· 194
6.4.5 步骤 5：构建模板并集成 controller 数据 ···························· 204
6.5 总结 ··· 215

第 7 章 Cordova 和 ngCordova ··· 216
7.1 安装设置平台相关 SDK ·· 216
7.1.1 Android 设置 ··· 217
7.1.2 iOS 设置 ·· 218
7.2 测试设备 ··· 218
7.2.1 测试 Android 设备 ··· 219
7.2.2 测试 iOS ·· 223
7.3 Cordova 插件 ··· 224
7.4 Ionic 插件 API ·· 225
7.4.1 添加一个插件 ·· 225
7.4.2 移除插件 ··· 225
7.4.3 列出添加的插件 ··· 225
7.4.4 搜索插件 ··· 225
7.5 Cordova whitelist 插件 ··· 231
7.6 ngCordova ··· 232
7.6.1 安装 ngCordova ·· 233
7.6.2 说明 ··· 234
7.6.3 $cordovaToast 插件 ··· 236
7.6.4 $cordovaDialogs 插件 ··· 237

			7.6.5 $cordovaFlashlight 插件 ·································· 239
			7.6.6 $cordovaLocalNotification 插件 ························ 241
			7.6.7 $cordovaGeolocation 插件 ······························ 244
	7.7 总结 ·· 247
第 8 章 构建聊天 App ··· 248
	8.1 Ionic Chat App ·· 248
	8.2 应用程序架构 ·· 256
		8.2.1 授权 ·· 257
		8.2.2 应用程序流程 ·· 257
		8.2.3 预览 App ·· 257
		8.2.4 数据结构 ·· 259
		8.2.5 Cordova 插件 ·· 259
		8.2.6 Github 的代码 ··· 260
	8.3 开发应用程序 ·· 260
		8.3.1 构建和设置 App ·· 260
		8.3.2 安装所需的 cordova 插件 ································· 263
		8.3.3 获取 Google API key ····································· 263
		8.3.4 设置路由和路由权限 ······································ 264
		8.3.5 创建 service/factory ······································ 268
		8.3.6 创建 map 指令 ··· 272
		8.3.7 创建 controller ··· 274
		8.3.8 创建模板 ·· 286
		8.3.9 创建 SCSS ··· 290
	8.4 测试应用程序 ·· 294
	8.5 总结 ·· 299
第 9 章 发布 Ionic App ··· 300
	9.1 准备用来发布的 App ·· 300
		9.1.1 配置图标和启动画面 ······································ 300
		9.1.2 更新 config.xml 文件 ······································ 302
	9.2 PhoneGap 服务 ··· 303

9.3 使用 Cordova CLI 来生成安装包 ·················· 304
　9.3.1 Android 安装包 ························· 304
　9.3.2 iOS 安装包 ··························· 306
9.4 Ionic 打包 ······························· 307
　9.4.1 上传项目到 Ionic cloud ····················· 307
　9.4.2 生成需要的密钥 ························ 307
9.5 总结 ································· 308
附录 A 其他实用命令及工具 ······················· 309

第 1 章
Ionic——基于 Angular JS 框架

Ionic 是目前应用最广泛的移动混合框架。在本书写作时，GitHub 上就已超过了 17000 颗星，fork 的数量更超过 2700 次。Ionic 是基于 AngularJS 打造的，众所周知，AngularJS 是一款功能强大的框架，用于构建 MVW 应用。本章我们将着重介绍 AngularJS，理解它是如何为 Ionic 提供强大功能的。这里我们将介绍 Ionic 中广泛使用的几个 AngularJS 组件——指令（Directive）和服务（Service）。

> 提示：
> 本书假定你对 AngularJS 已有一定了解。如果还没有了解，可以参考 *AngularJS Essentials*（Rodrigo Branas 编写），或者看视频教程 *Learning AngularJS*（Jack Herrington 制作），这些都由 Packt Publishing 出品。这些资料可以让你对 AngularJS 有一定了解。

在本章中，我们只会着重介绍 AngularJS 的指令和服务。对于 AngularJS 中其他的一些关键概念，可以参考前面提到的书籍和视频。

本章中，我们将讲解以下内容：

- 什么是 SOC（separation of concerns，关注分离）；
- AngularJS 是如何解决这个问题的；
- 什么是 AngularJS 的内置指令和自定义指令；
- 什么是 AngularJS 的服务，以及如何自定义服务；
- 如何在 Ionic 中使用指令和服务。

1.1 理解 SOC（关注分离）

服务器端 Web 应用已经发展了一段时间。随着 Web 应用的界面发展越来越迅速，我们不得不将焦点从服务器端转向客户端。从前那些由服务器端来决定客户端行为与用户界面显示的日子已一去不复返。

如今 Web 页面的交互体验越来越好，异步交互也越来越多，客户端驱动应用的优势就会体现出来，在实现更优秀的用户体验上会比服务器端驱动的应用更容易。jQuery 和 Zepto 这样的库也让这一点变得更容易。接下来，让我们先来看个典型的例子，用户将在一个文本框中输入信息，随后点击 **Submit** 按钮。输入的信息将通过 AJAX 传输给服务器，最后将服务器端的返回展现在界面上，期间不会刷新页面。

如果我们使用的是 jQuery（使用伪语法），那么代码应该如下：

```
//假设已加载 jQuery，并且已初始化了输入框、按钮以及结果展示区

var textBox = $('#textbox');
var subBtn = $('#submitBtn');

subBtn.on('click', function(e) {
  e.preventDefault();
  var value = textbox.val().trim();
  if (!value) {
    alert('Please enter a value');
    return;
  }

  // 通过 AJAX 调用获取数据
  var html2Render = '';

  $.post('/getResults', {
      query: value
  })
    .done(function(data) {
      // 处理服务器返回
      var results = data.results;
      for (var i = 0; i < results.length; i++) {
```

```
        // 循环拼装结果用以显示
        var res = results[i];
        html2Render += ' < div class = "result" > ';
        html2Render += ' < h2 > ' + res.heading + ' < /h2>';
        html2Render += ' < span > ' + res.summary + ' < /span>';
        html2Render += ' < a href = "' + res. link + '" > ' + res.linkText +
' < /a>';
        html2Render += ' < /div>'
    }
    // 将拼装好的 HTML 注入到结果显示区域中
    $('#resultsContainer').html(html2Render);
  });

});
```

提示：
以上代码无法正常运行，只是一个用于参考的例子。

当点击按钮时，输入框中的内容会被传输到服务器上。然后，将服务器返回的 JSON 对象拼装成 HTML，最终把结果显示在指定的区域中。

但是，如果我们想更好地维护管理这些代码，又该如何做呢？

又或者你将如何做到对每个功能块的分开测试呢？比如，我们想测试校验功能是否正常，又或者想看看服务器返回是不是正常。

如果我们想修改结果显示区域的显示模板（例如，增加一个图标），在上面代码的基础上，又该如何快速修改呢？

这个时候我们就需要用到 SOC，通过 SOC 我们可以将验证、AJAX 请求以及组装 HTML 代码进行解耦。目前它们是相互耦合的，其中任何一个步骤都无法独立运行，但它们之间会互相影响。

如果我们要将这些不同的执行代码放到不同的组件中，则可以通过模型视图控制器（MVC）架构来实现。通常在 MVC 架构中，model 是一个用于存放数据的实体，controller 用于传递数据给 view，view 用于展示内容。

不同于服务器端的 MVC 架构，客户端的 MVC 架构会多一个路由。路由通常是一个页面的 URL，通过这个 URL 可以决定加载哪个 model/view/controller。

MVC 架构是 AngularJS 的基本思想，它不仅实现了关注分离，还提供了单页面应用的架构。

回看下前面的例子，我们可以将 AJAX 与服务器交互的部分从主代码中抽出来，然后按需集成到不同的 controller。

接下来让我们看一些重要的 AngularJS 组件，以便更好地了解这一点。

1.2 AngularJS 组件

AngularJS 主要通过 HTML 来使用，这点和许多客户端 JavaScript 框架不同。在一个典型的 Web 应用中，AngularJS 负责为你编写关键的代码段。通过在 HTML 页面中添加一些 AngluarJS 提供的指令并包含 AngularJS 源文件，我们甚至可以做到不写一行 JavaScript 代码而开发出一款简单应用。

接下来，我们将通过构建一个带有验证功能的登录框来说明如何做到上面这点。

比如下面这段代码：

```html
<html ng-app="">
<head>
    <script src="angular.min.js" type="text/JavaScript"></script>
</head>
<body>
    <h1>Login Form</h1>
    <form name="form" method="POST" action="/authenticate">
        <label>Email Address</label>
        <input type="email" name="email" ng-model="email" required>


        <label>Password</label>
        <input type="password" name="password" ngmodel="password" required>


        <input type="submit" ng-disabled="!email || !password" value="Login">
    </form>
</body>
</html>
```

在上面的代码块中，以 ng-开头的属性称为 AngluarJS 指令。

如果用户输入的 e-mail 和 password 不合法，ng-disabled 指令会在 Submit 按钮上添

加 disabled 属性，让按钮不可点击。

而且，这个指令的作用域会被限定在所在的元素及其子元素内，这样就可以避免因定义变量不当而作用在 Global Object（全局对象，这里是 Window Object）中的问题。

提示：
如果你之前没有了解过作用域，建议你访问 https://docs.angularJS.org/guide/scope。对作用域的理解对阅读本书十分重要。

接下来，我们将介绍另一个 AngularJS 组件——依赖注入（DI）。DI 可以在需要的地方注入所需的代码段，通过 DI 我们可以实现关注分离。

你可以在需要的时候注入不同的 AngularJS 组件。比如，在 controller 中注入某个服务（service）。

提示：
DI 是 AngularJS 中的核心组件，同时也是你需要掌握的。
更多信息，可以访问 https://docs.angularJS.org/guide/di。

要理解 service 和 controller，需要先理解一下 MVC。在通常的客户端 MVC 框架中，model 用于存放数据，view 用于展示数据，controller 用于对 model 中的数据进行处理，然后再传递给 view。

在 AngularJS 中，我们可以这么理解它们的关系：

- HTML 对应 view；
- AngularJS 的控制器（controller）对应 controller；
- scope 对象对应 model。

在 AngularJS 中，HTML 相当于模板。AngularJS 的 controller 会获取 scope 对象中的数据或一个服务的响应，然后根据最终 view 所需展示的效果做数据融合。对应到我们之前的搜索例子中，就相当于我们将服务器的返回进行处理，构造成 HTML 字符串，然后将这段 HTML 注入到 DOM 中。

接下来，我们把之前搜索实例中涉及到的功能进行拆分。

在下面的代码中，HTML 相当于模板，factory 组件负责实现 AJAX 请求。最后 controller 将从 factory 组件中获取的数据进行处理，然后传给用于展示的视图。

下面就是 AngularJS 版本的搜索引擎实例：

index.html 中的代码如下：

```html
<html ng-app="searchApp">
<head>
    <script src="angular.min.js" type="text/JavaScript">
    <script src="app.js" type="text/JavaScript">
</head>
<body ng-controller="AppCtrl">
    <h1>Search Page</h1>
    <form>
        <label>Search : </label>
        <input type="text" name="query" ng-model="query" required>
        <input type="button" ng-disabled="!query" value="Search" ng-click="search()">
    </form>

    <div ng-repeat="res in results">
        <h2>{{res.heading}}</h2>
        <span>{{res.summary}}</span>
        <a ng-href="{{res.link}}">{{res.linkText}}</a>
    </div>

</body>
</html>
```

app.js 中的代码如下：

```js
var searchApp = angular.module('searchApp',[]);

searchApp.factory('ResultsFactory', ['$http', function($http) {

return {

    getResults : function(query){

        return $http.post('/getResults', query);
       }

};
```

```
}]);

searchApp.controller('AppCtrl', ['$scope','ResultsFactory',function($s
cope,ResultsFactory){

    $scope.query = '';
    $scope.results = [];

    $scope.search = function(){
        var q = {
            query : $scope.query
        };
        ResultsFactory.getResults(q)
            .then(function(response){

            $scope.results = response.data.results;

            });
    }

}]);
```

> 提示：
> 在 AngularJS 中，factory 组件和 service 组件是可以互换使用的。如果想了解更多细节，可以访问 http://stackoverflow.com/questions/15666048/service-vs-provider-vs-factory。

  index.html 文件由 HTML 模板组成，在页面加载时，这些模板会被隐藏。当结果数组使用数据填充时，ng-repeat 指令会根据模板生成 HTML 代码块。

  在 app.js 中，我们首先定义了一个名为 searchApp 的 AngularJS 模块，然后我们又创建了 factory 组件，名为 ResultsFactory，该组件的唯一作用是发起 AJAX 请求以及返回一个 promise（promise 是一种用异步方式处理值的方法，promise 是对象，代表了一个函数最终可能的返回值或者抛出的异常，在与远程对象打交道时，我们可以把它看作是远程对象的一个代理）。最后，我们创建了名为 AppCtrl 的 controlller，用于协调 factory

组件以及更新显示界面。

提示：
如果你不太了解promise，可以访问http://www.dwmkerr. com/promises-in-angularJS-the-definitive- guide/。

在按钮的 `ng-click` 指令上，我们声明了 `search` 函数，然后在 AppCtrl 中的定义了该函数。只有在搜索框中输入合法的数据时，按钮才可以被点击。当点击 **Search** 按钮时，就会调用之前在按钮上注册的函数，此处为 AppCtrl 中的 search 函数。这里我们定义了用于传给后端服务器的 `query` 对象，然后调用了 `ResultsFactory` 的 `getResults` 方法。`getResults` 方法会返回一个 promise，当请求后端服务器成功时则会继续执行。这里我们假设是成功的，我们会将服务器返回的结果赋予 `$scope.results`。

`$scope` 对象的 `results` 数组一旦发生变化，就会触发结果数组中所有实例的更新，这反过来会触发 HTML 模板中的 `ng-repeat` 指令，于是便会解析新 `results` 数组并生成新的 HTML 代码块，然后搜索结果的 UI 也会跟着变。

下载示例代码：
可以访问 http://www.packtpub.com/support，然后申请以邮件方式获取示例代码。对于本章，你也可以在 GitHub（https://github.com/learning-ionic/ Chapter-1）上与作者沟通交流。

在前面的例子中，我们看到了如何编写易于维护、易于测试的代码。现在如果我们要对应用做些调整就比较简单了（比如在搜索结果旁边添加图片），只要开发者有一定 Web 开发的经验，就可以轻松地完成修改。

1.3 AngularJS 指令（directive）

下面这段话摘自 AngularJS 文档。

"站在一个更高的角度理解，指令是 DOM 元素的标记（比如属性、元素名、评论或 CSS 类名），这个标记会告诉 AngulaJS 的 HTML 编译器（$compile）将某些特定的行为赋予该 DOM 元素甚至改变 DOM 元素及它的子元素。"

当我们想对页面中的通用功能进行抽象时，指令就有大用了。AngularJS 的指令就是这样用的。

- `ng-app`：用于初始化 AngularJS 模块，若未传入值，将初始化默认模块；若传入值，将初始化传入值所对应的模块。
- `ng-model`：将输入元素的值绑定到当前 scope 对象中。
- `ng-show`：当值为 true 时，显示该 DOM 元素。
- `ng-hide`：当值为 true 时，隐藏该 DOM 元素。
- `ng-repeat`：根据传入 `ng-repeat` 的表达式，循环输出当前标签及其子元素。

现在让我们回到之前构建的搜索应用，想象下如果应用中有多个页面都会用到这样的搜索表单，此时你会怎么办？将代码多复制几份，四处粘贴吗？

肯定不能如此，所以我们要对搜索功能进行抽象，抽象成一个自定义的指令，而不是到处复制粘贴。

通过属性声明，比如`<div my-search></div>`，我们可以将一个使用该属性的 DOM 元素初始化成指令。此外，你也可以创造出自己的标签/元素，比如`<my-search></my-search>`。

这样我们就可以一处编写，多处使用了。当 view（视图）使用到该自定义指令时，AngularJS 会自动对它进行初始化，当 view 不再使用时，AngularJS 则会自动销毁它。是不是很赞？

接下来，就让我们来编写一个自定义指令(`my-search`)，并在搜索应用中使用它吧。这个指令（directive）的唯一功能是展示一个文本框和一个按钮。当用户点击其中的 **Search** 按钮时，将从服务器获取数据并将结果展现出来。

好了，让我们开动吧。

与任何 AngularJS 组件一样，自定义指令也可以与模块绑定。下面我们就会将指令与之前 `searchApp` 的模块进行绑定。

```
searchApp.directive('mySearch', [function(){
    return {
            template : 'This is Search template',
            restrict: 'E',
            link: function (scope, iElement, iAttrs) {
```

            }
        };
}]);

这里的指令名为采用驼峰格式命名的 mySearch。这样，当在 HTML 中使用时，AngularJS 就会匹配名为 my-search 的指令。此外，我们给 template 属性设置一段默认值，同时限定该指令只可以用作元素（E）。

> **提示：**
> 在 AngularJS 指令中，你可以限定的其他值还有 A（attribute）、C（class）以及 M（comment）。同时，你也可以允许指令支持所有的 4 种格式（ACEM）。

这里我们还创建了一个 link 方法，该方法会在指令被展示时调用。该方法有 3 个参数，如下所示：

- scope：该参数指的是该指令在 DOM 中所对应标签的作用域。它可以是 AppCtrl 内部的作用域，甚至可以是 rootScope(ng-app) 内部的作用域。
- iElement：被展示指令元素对应的 DOM 节点对象。
- iAttrs：当前元素所具有的属性。

在这个例子中，my-search 标签中没有任何属性，同时我们也不会用到 iAttrs。

如果指令比较复杂，最好将指令模板单独存放在一个文件中，在要用到的时候通过 templateUrl 属性引用。接下来，我们就会这么做。

在 index.html 的同级目录中创建 directive.html 文件，并添加以下内容：

```html
<form>
    <label>Search : </label>
    <input type="text" name="query" ng-model="query" required>
    <input type="button" ng-disabled="!query" value="Search" ng-click="search()">
</form>

<div ng-repeat="res in results">
    <h2>{{res.heading}}</h2>
    <span>{{res.summary}}</span>
```

```
        <a ng-href="{{res.link}}">{{res.linkText}}</a>
</div>
```

然后,将 index.html 中与搜索应用相关的部分去除掉。

接下来,我们为指令中按钮的 click 事件编写监听函数(search 函数)。代码如下:

```
searchApp.directive('mySearch', [function() {
    return {
        templateUrl: './directive.html',
        restrict: 'E',
        link: function postLink(scope, iElement, iAttrs) {
            scope.search = function() {
                var q = {
                    query : scope.query
                };

                // 接下来与 factory 交互
            }
        }
    };
}])
```

当按钮上的 click 事件被触发时,就会执行 scope.search 函数,同时 scope.query 会得到输入框中的值。这和我们之前在 controller 中做的差不多。

当用户输入一些信息后点击 Search 按钮时,我们需要调用 ResultsFactory 的 getResults 方法。然后,当得到返回结果时,将这些结果赋给 scope.results。

完整的指令代码如下:

```
searchApp.directive('mySearch', ['ResultsFactory',
function(ResultsFactory) {
    return {
        templateUrl: './directive.html',
        restrict: 'E',
        link: function postLink(scope, iElement, iAttrs) {
            scope.search = function() {
                var q = {
                    query : scope.query
                };

                ResultsFactory.getResults(q).
```

```
			then(function(response){
					scope.results = response.data.results;
				});
			}
		}
	};
}])
```

接着修改 index.html 文件：

```
<html ng-app="searchApp">
<head>
    <script src="angular.min.js" type="text/JavaScript"></script>
    <script src="app.js" type="text/JavaScript"></script>
</head>
<body>
    <my-search></my-search>
</body>
</html>
```

然后修改 app.js 文件：

```
var searchApp = angular.module('searchApp', []);

searchApp.factory('ResultsFactory', ['$http', function($http){

return {

   getResults : function(query){
        return $http.post('/getResults', query);
      }

};


}]);



searchApp.directive('mySearch', ['ResultsFactory',
function(ResultsFactory) {
      return {
           templateUrl: './directive.html',
```

```
                    restrict: 'E',
                    link: function postLink(scope, iElement, iAttrs) {
                        scope.search = function() {
                            var q = {
                                query : scope.query

                            };

                            ResultsFactory.getResults(q).
then(function(response){
                                scope.results = response.data.results;
                            });
                        }
                    }
                };
            }]);
```

简单而强大！

现在通过使用<my-search></my-search>标签，你就可以很方便地在需要的地方添加搜索栏了。

如果想做得更好，我们可以给该指令传入一个名为 results-target 的属性。该属性的值代表页面中某个元素的 ID。利用这点，我们可以将搜索结果显示在页面中的指定位置，而不是固定显示在某个位置。

>
> 提示：
> AngularJS 内嵌了 jqLite（jQuery 的轻量级版本）。但 jqLite 不支持选择器查找，如果要使用选择器查找，需要用 jQuery 代替 AngularJS 中的 jqLite。更多 jqLite 信息，可以访问 https://docs.angularJS.org/api/ng/function/angular.element。

这点使得 AngularJS 的指令成为了处理 DOM 时的最佳方案——可复用的组件。

所以，如果你想为你的 Ionic 应用添加新的导航栏，只需在目标页面使用 ion-nav-bar 标签，就像下面这样：

```
<ion-nav-bar class="bar-positive">
  <ion-nav-back-button>
  </ion-nav-back-button>
</ion-nav-bar>
```

这样就搞定了。

通过学习自定义指令，我们可以方便地与 Ionic 组件（通过 AngularJS 指令构建）协作。

1.4 AngularJS 服务

AngularJS 服务是一个可替换对象，通过依赖注入可以向指令和 controller 中注入不同的 AngularJS 服务。这些 AngluarJS 服务对象包含了一些通用业务逻辑代码。

AngularJS 服务具有延迟加载特性，组件只有在用到它们后才会被初始化。同时，每个 Angular 服务都是单例，每个 App 只会被初始化一次。这使得 AngularJS 服务有利于在 controller 间共享数据，或者将这些数据暂存起来。

$interval 是 AngularJS 中可使用的一种服务。$interval 和 setTimeInterval() 作用是一样的。当注册该服务时，$interval 相当于封装了 setTimeInterval() 并返回了一个 Promise。这个 Promise 可以用于在之后销毁$interval。

另一个简单服务是 $log。该服务将信息记录到浏览器的控制台上。下面是一个例子：

```
myApp.controller('logCtrl', ['$log', function($log) {

    $log.log('Log Ctrl Initialized');

}]);
```

现在你已看到了 AngularJS 服务的强大能力，实现通用业务逻辑是多么简单。

此外，你也可以自己编写在 App 中可重用的自定义服务。比如，你可以编写一个计算器服务，方法有 add、subtract、multiply、divide 和 square 等。

在之前的搜索应用中，我们使用 factory 组件来负责与服务器端的通信。现在，我们将通过自定义服务来实现。

提示：

服务和 factory 组件是可以相互替换的。更多信息可参考 http://stackoverflow.com/questions/15666048/service-vs-provider-vs-factory。

比如，当用户搜索某个关键词并得到返回结果时，我们会将返回结果保存在本地存储中，以便下次用户再搜索相同的关键词时，可以直接显示相同的结果，而不再通过 AJAX 请求（类似离线模式）。

接下来，我们为该服务定义以下 3 个方法。

- `isLocalStorageAvailable()`：该方法用于检查当前浏览器是否支持存储 API。
- `saveSearchResult(keyword,searchResult)`：该方法用于在本地存储中保存关键词和搜索结果。
- `isResultPresent(keyword)`：该方法用于根据关键词获取搜索结果。

我们服务的代码如下：

```
searchApp.service('LocalStorageAPI', [function() {
    this.isLocalStorageAvailable = function() {
        return (typeof(localStorage) !== "undefined");
    };

    this.saveSearchResult = function(keyword, searchResult) {
        return localStorage.setItem(keyword,
JSON.stringify(searchResult));
    };

    this.isResultPresent = function(keyword) {
        return JSON.parse(localStorage.getItem(keyword));
    };
}]);
```

提示：
本地存储无法保存对象，因此我们需要在存入本地存储前将对象序列化，在取出时将对象反序列化。

现在，我们让之前自定义的 mySearch 指令通过该服务来处理搜索请求。改造后的 mySearch 指令如下：

```
searchApp.directive('mySearch', ['ResultsFactory', 'LocalStorageAPI',
function(ResultsFactory, LocalStorageAPI) {
        return {
            templateUrl: './directive.html',
            restrict: 'E',
            link: function postLink(scope, iElement, iAttrs) {
```

```
                var lsAvailable =
LocalStorageAPI.isLocalStorageAvailable();
                scope.search = function() {
                    if (lsAvailable) {
                        var results = LocalStorageAPI.
isResultPresent(scope.query);
                        if (results) {
                            scope.results = results;
                            return;
                        }
                    }
                    var q = {
                        query: scope.query
                    };

                    ResultsFactory.getResults(q).
then(function(response)  {
                        scope.results = response.data.results;
                        if (lsAvailable) {
  LocalStorageAPI.saveSearchResult(scope.query,
data.data.results);
                        }
                    });
                }
            };
    }]);
```

这里我们检查了浏览器是否支持本地存储,然后使用 `LocalStorageAPI` 服务来保存和获取结果。

与指令相类似,Ionic 也提供了一些常用的服务(Service),在第 5 章中我们将会看到。

这里举个 Ionic 加载服务(loading servcie)的例子。该服务会显示一个可以定制文字的加载条。就像下面这样使用:

```
$ionicLoading.show({
    template:'Loading...'
});
```

然后,你会看到一个覆盖层,在这个覆盖层上会展示目前正在进行的操作,并禁止用户操作。

1.5 AngularJS 资源

下面我将列举出一些优秀 AngularJS 资源的 Github 地址，通过这些 Github 库，你可以了解 AngularJS 的强大以及最新动态。地址如下：

- jmcunningham/AngularJS-Learning 地址为 https://github.com/jmcunningham/AngularJS-Learning
- gianarb/awesome-angularjs 地址为 https://github.com/gianarb/awesome-angularjs
- aruzmeister/awesome-angular 地址为 https://github.com/aruzmeister/awesome-angular

提示：
注意，本书使用的 Ionic 版本为 1.0.0，对应使用的 AngularJS 版本为 1.3.13。

1.6 总结

本章中，我们学习了什么是关注分离（SOC），同时了解了 AngularJS 是如何做到 SOC 的。随后，我们快速学习了 Ionic 中会用到的一些核心 AngularJS 组件。我们也学习了创建自定义指令和自定义服务的方法与它们的用途，以及在处理 HTML 元素（DOM）时如何使用指令，将可复用的代码块创建成 AngularJS 服务或 factory 组件。这些都是我们在本章中学习到的经验。

我们还学习了如何使用 Ionic 中的 AngularJS 来构建移动混合应用。

在下一章中，我们将会继续介绍 Ionic。我们会学习如何安装、搭建一个基础应用，并学会理解项目结构。此外，我们还会更深入地学习如何开发移动混合应用。

第 2 章
Ionic 入门

在第 1 章，我们了解了几个关键的 AngularJS 特性，即指令与服务。在本章中，我们将会了解移动混合应用程序的大致结构、配置 Ionic 应用程序的开发环境，最后我们将构建一些简单的应用程序。

本章所涵盖的主题如下：

- 移动混合应用框架；
- 什么是 Apache Cordova；
- 什么是 Ionic；
- 配置 Ionic 环境，并运行应用程序；
- Ionic 模板应用；
- 使用 Yeoman 发布 Ionic。

2.1 移动混合架构

在学习 Ionic 之前，我们先来了解下什么是移动混合平台。

简单来说，几乎所有的移动操作系统（也可以被称作平台）都会提供原生 API，用于开发应用程序。Web View 组件是这些 API 中的一个。Web View 通常是可以运行在移动应用程序内部的浏览器。这个浏览器可以运行 HTML、CSS、JS 代码。这意味着，你可以使用之前成熟的技术构建 Web 页面，并运行在你的应用程序内部。

你可以使用同样的 Web 开发知识，去构建原生移动混合应用程序（这里的原生，指的是经过打包后，在设备上安装的特定平台的格式文件）。例如：

- Android 系统使用 Android Application Package（.apk）；
- IOS 系统使用 iPhone Application Archive（.ipa）；
- Windows Phone 系统使用 Application Package（.xap）。

这些程序包由许多块原生代码组成，这些代码用于初始化 Web 页面和元素。

这种由业务逻辑组成且在移动设备内部运行网页的程序，被叫作移动混合应用程序。

2.2 什么是 Apache Cordova

简单来说，Cordova 是用于连接 Web 应用和原生应用的工具。Apache Cordova 的官方描述为：

"Apache Cordova 是一个可以使用 HTML、CSS、JavaScript 来构建原生移动应用的平台。"

Apache Cordova 不是简单地连接 Web 应用和原生应用，而是提供一系列由 JavaScript 编写的 API，通过这些 API 我们可以使用设备上的原生功能。这样我们就可以使用 JavaScript 访问你的照相应用，获得图片，并通过邮件发送它。

为了更好地理解，我们来看图 2.1。

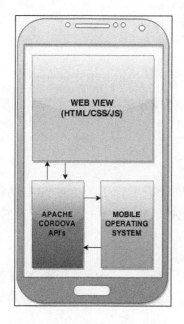

图 2.1

如图 2.1 所示，我们在 Web View 中运行 HTML/CSS/JS 代码。这里可以是简单的用户界面的代码，也可以在其中发起 AJAX 请求，获取远程服务器上的数据。甚至还可以去访问当前设备上的蓝牙，获取附近的设备列表。

> **小技巧：**
> 关于本章中内容，你可以通过 GitHub 地址 `https://github.com/learning-ionic/Chapter-2` 获取代码、提交问题、或和作者交谈。

在后一种例子中，Cordova 具有大量 API，可以使用 JavaScript 与 Web View 进行交互，并使用其原生语言（例如，对 Android 来说是 Java）与设备通信。举个例子，如果你想获取应用程序所在设备的信息，可以通过在 JS 文件中包含下述代码实现：

```
var platform = device.platform;
```

安装了设备插件后，你还可以从 Web View 中获取 UUID、model、OS 版本、Cordova 版本等设备信息，如下：

```
var uuid = device.uuid;
var model = device.model;
var version = device.version;
var Cordova = device.Cordova;
```

在第 7 章中，我们会更加详细地讨论 Cordova 插件。

以上的描述是为了说明如何构建移动混合应用程序，以及如何在 Web View 中通过 JavaScript 去使用移动设备上的特性。

> **提示：**
> Cordova 不会把 HTML、CSS、JS 代码转化为特定操作系统所能识别的二进制码。只是封装它们，并在 Web View 中执行它们。

所以，你一定已经猜到了，Ionic 是包含可在 Web View 中运行的 HTML、CSS、JS 代码的框架，这个框架可以与 Cordova 通信，并访问设备的特定 API。

2.3 什么是 Ionic

Ionic 是一个实用、开源的前端 SDK，用于开发基于 HTML5 的移动混合应用程序。Ionic 提供了针对移动设备优化过的 HTML、CSS、JS 组件，以及用来构建深度交互应用的手势和相关工具。

相比于其他框架，Ionic 通过减少 DOM 操作获得更高效的性能，具有硬件加速的过渡。Ionic 使用了 AngularJS 作为其 JavaScript 框架。

Ionic 通过使用强大的 AngularJS 框架而开拓了无限的前景（在 Ionic 中，你可以任意使用 AngularJS 组件）。Ionic 同时也集成了 Cordova 的设备 API。所以，通过使用类似 ngCordova 的库，你可以访问设备的 API 并将它与 Ionic 的用户界面组件相集成。

Ionic 提供了一个独立的命令行工具（Command Line Interface，CLI），用来构建、开发、部署 Ionic 的应用程序。在我们使用 Ionic CLI 前，我们还需要额外安装一些程序。

2.4 程序安装

为了开发和运行 Ionic 应用程序，我们先安装一些必要的程序。

2.4.1 安装 Node.js

我们通过 Ionic CLI 工具构建任务，因为其基于 Node.js 运行，所以先安装 Node.js，步骤如下。

1. 访问 `https://nodejs.org/`。
2. 点击主页面中的 Install 按钮，会自动下载匹配你操作系统的安装程序。或者，你可以访问 `https://nodejs.org/download/`，下载特定版本。
3. 运行安装程序，安装 Node.js。

打开命令行，执行以下命令，可以检查 Node.js 是否安装成功：

```
node -v
```

现在你可以看到 Node.js 的版本。继续执行以下命令：

```
npm -v
```

你可以看到 npm 的版本。

```
→ ~ node -v
v0.12.2
→ ~ npm -v
2.10.0
```

npm（Node Package Manager）是 Node.js 的包管理工具，通过它可以为我们的 Ionic 项目下载相关依赖包。

提示：
你只是在开发过程中需要使用 Node.js。上图中指定的版本只是用于说明。你可能会使用相同的版本或者最新版本。这适用于本章中显示软件版本的所有图片。

2.4.2　安装 Git

Git 是一个免费开源的分布式版本控制系统，可以快速有效地管理项目中的各个代码版本。在我们的环境中，将使用名叫 Bower 的包管理工具，Bower 通过 Git 下载我们项目中所需的库文件。另外，Ionic CLI 也可以通过 Git 下载项目模板。

访问 http://git-scm.com/downloads，下载对应当前操作系统的 Git 安装程序。成功完成安装后，你可以打开命令行，执行以下命令：

```
git --version
```

你可以看到 Git 的版本。

```
→ ~ git --version
git version 2.3.2 (Apple Git-55)
```

2.4.3　安装 Bower

接下来，我们使用 Bower（http://bower.io/）来管理我们项目中依赖的库文件。Bower 是类似于 npm 的包管理工具，可以认为它是扁平化的 npm。这种方式更适合在 Web 开发中维护各种所需的程序包。

Bower 的安装依赖于 Node.js。你可以通过以下命令来全局安装 Bower：

```
npm install bower -g
```

我们想要安装全局的 Node 模块 Bower，因此，需要加上 -g。在 *nix 系统上，你需要使用 sudo 来安装：

```
sudo npm install bower -g
```

> **提示：**
> 在使用 sudo 执行以上的命令前，请检查 npm 的安装情况。更多关于 npm 全局安装的信息，请参阅 http://competa.com/blog/2014/12/how-to-run-npm-without-sudo/。

Bower 安装成功后，可以通过以下命令检查版本：

```
bower -v
```

2.4.4 安装 Gulp

接下来，我们来安装 Gulp (http://gulpjs.com/)，它是一个基于 Node.js 的构建工具，可以用来自动执行繁冗的任务。

例如，当前端开发项目将要上线时，需要压缩 CSS、JS、HTML、图片等资源，并上传代码到生产环境。在这种场景下，Gulp 将会助你一臂之力。

由于开源社区强力的驱动，Gulp 提供了大量插件来自动化执行重复的任务。在 Ionic 中，我们主要使用 Gulp，把 SCSS 代码转化为 CSS 代码。我们可以使用 SCSS 代码自定义 Ionic 组件样式。我们将会在第 4 章中详细讨论这点。

执行以下命令，可以全局安装 Gulp：

```
npm install gulp -g
```

在 *nix 系统中，执行以下命令：

```
sudo npm install gulp -g
```

Gulp 安装成功后，可以使用以下命令来查看 Gulp 的版本：

```
gulp -v
```

```
→  ~  gulp -v
[22:17:58] CLI version 3.8.11
```

2.4.5 安装 Sublime Text

这不是必须安装的工具。每个人都会有自己偏爱的文本编辑器。在使用了许多不同的文字编辑器后,我最终选择了 Sublime Text,一款简易的、拥有许多插件和工具的文本编辑器。

提示:
你可以通过 http://www.sublimetext.com/3 下载 Sublime Test3。

2.4.6 安装 Cordova 和 Ionic CLI

最后,我们来安装 Ionic CLI,并完成 Ionic 的环境配置。Ionic CLI 封装了 Cordova CLI 并新增了一些特性。

提示:
本书中所有的代码实例,都将使用 Cordova 5.0.0、Ionic CLI 1.5.0 以及 Ionic 1.0.0。

执行以下命令来安装 Ionic CLI:

```
npm install cordova@5.0.0 ionic@1.5.0 -g
```

执行以下命令来检查 Cordova 版本:

```
cordova -v
```

你可以执行以下命令:

```
ionic -v
```

```
→  ~  cordova -v
5.0.0
→  ~  ionic -v
1.5.0
```

获取 Ionic CLI 的相关包信息,请执行以下命令:

```
ionic
```

你将会看到一个任务列表,如图 2.2 所示。

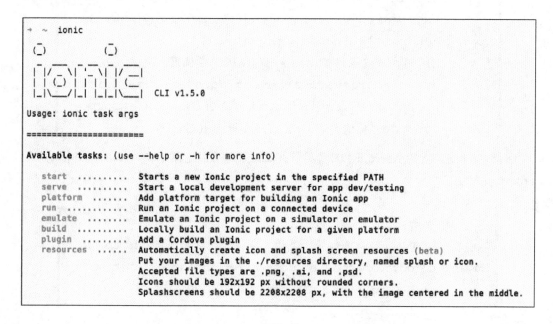

图 2.2

 提示：
除了图中的任务外,还有一些其他任务。

你可以通过任务和描述去了解它们如何工作。此外,注意其中有些任务仍然在测试阶段。

综上,我们已经安装了所有开发 Ionic 所需要的软件。

2.5 平台介绍

在本书后面的章节中,我们将会构建可在设备中运行的 app。由于 Cordova 需要把 HTML、CSS、JS 作为输出,并打包成特定平台的安装包,你需要在机器上建立特定的构建环境。

提示：
Android 用户可以根据下面链接中的描述，在机器上安装 SDK：http://cordova.apache.org/docs/en/edge/guide_platforms_android_index.md.html#Android%20Platform%20Guide。
iOS 用户可以根据下面链接中的描述，在机器上安装 SDK：http://cordova.apache.org/docs/en/edge/guide_platforms_ios_index.md.html#iOS%20Platform%2020Guide。你需要在 OSX 环境中开发 IOS app。

目前，Ionic 只支持 Android 4.0+（尽管在 2.3 上也可以正常工作）和 IOS 6+ 移动平台。Cordova 支持更多平台。

提示：
你可以根据以下链接，查询其他平台的支持情况：http://cordova.apache.org/docs/en/edge/guide_platforms_index.md.html# Platform%20Guides。

2.6 Hello Ionic

之前我们完成了相关工具的安装，现在我们开始构建一个 Ionic app。

Ionic 提供 3 个可以直接使用的模板，供我们快速开发。

- **Blank**：这是空的 Ionic 项目，包含了一个简单页面。
- **Tabs**：这是一个简单的 Ionic 项目，包含了一个使用 Ionic tab 元素的页面。
- **Side menu**：这是一个简单的 Ionic 项目，包含了一个使用菜单和导航元素的页面。

为了更好地学习 Ionic 基础，我们从空模板开始。

为了使学习过程更加清晰，我们将在一个文件夹中建立我们的 Ionic 项目。建立一个 ionicApps 目录，并在其中建立一个 chapter2 目录。

接下来，打开命令行工具，移动到 ionicApps 目录下的 chapter2，执行下面的命令：

```
ionic start -a "Example 1" -i app.example.one example1 blank
```

在前面的命令中：

- `-a "Example 1"`，这里指定 App 的名字；
- `-i app.example.one`，这里指定 App 的域名；
- `example1`，这里指定 App 所在的目录名；
- `blank`，这里指定所使用的模板名。

提示：
通过本书附录，可以更进一步了解 Ionic 基础任务。

当 Ionic CLI 在执行任务时，会显示详细的执行信息。就像你在命令行中看到的那样，当项目被创建时，Ionic CLI 打印了这些信息。

当任务刚开始时，一个新的 `blank` 项目被下载并保存到了 `example1` 目录中。紧接着，`ionic-app-base`（https://github.com/driftyco/ionic-app-base）以及 `ionic-startertemplate`（https://github.com/driftyco/ionic-starter-blank）被下载。

完成以上下载后，项目配置文件将更新 App 名字和 ID。接下来，会继续下载另外 5 个 Cordova 插件。

- `org.apache.cordova.device`（https://gitHub.com/apache/cordova-plugin-device）：本章之前提到过，该插件用来获取设备信息。
- `org.apache.cordova.console`（https://gitHub.com/apache/cordova-plugin-console）：这个插件是用来确保 `console.log()` 是可用的。
- `cordova-plugin-whitelist`（https://github.com/apache/cordova-plugin-whitelist）：这个插件是用于应用程序的白名单策略。
- `cordova-plugin-splashscreen`（https://github.com/apache/cordova-plugin-splashscreen）：这个插件用来显示或者隐藏应用程序的启动画面。
- `com.ionic.keyboard`（https://gitHub.com/driftyco/ionic-plugins-keyboard）：这是键盘插件，提供与键盘交互的功能，触发事件，并指示是否显示或者隐藏键盘。

以上所有信息，都会被保存到 `package.json` 中，并新建一个 `ionic.project` 文件。

当项目创建成功时，你将会看到如图 2.3 所示的一些指令，来显示如何继续工作。

```
Your Ionic project is ready to go! Some quick tips:

 * cd into your project: $ cd example1

 * Setup this project to use Sass: ionic setup sass

 * Develop in the browser with live reload: ionic serve

 * Add a platform (ios or Android): ionic platform add ios [android]
   Note: iOS development requires OS X currently
   See the Android Platform Guide for full Android installation instructions:
   https://cordova.apache.org/docs/en/edge/guide_platforms_android_index.md.html

 * Build your app: ionic build <PLATFORM>

 * Simulate your app: ionic emulate <PLATFORM>

 * Run your app on a device: ionic run <PLATFORM>

 * Package an app using Ionic package service: ionic package <MODE> <PLATFORM>

For more help use ionic --help or ionic docs

Visit the Ionic docs: http://ionicframework.com/docs

New! Add push notifications to your Ionic app with Ionic Push (alpha)!
https://apps.ionic.io/signup

+---------------------------------------------------------------+
+ New Ionic Updates for June 2015
+
+ The View App just landed. Preview your apps on any device
+ http://view.ionic.io
+
+ Invite anyone to preview and test your app
+ ionic share EMAIL
+
+ Generate splash screens and icons with ionic resource
+ http://ionicframework.com/blog/automating-icons-and-splash-screens/
+
+---------------------------------------------------------------+
```

图 2.3

接下来，我们使用 cd 命令进入 example1 目录。然后，请忽略下面的命令行提示信息，因为我们已经了解了项目的各项设置。一旦我们对 Ionic 的各种组件有了一定的了解，我们就可以使用命令构建一个 Ionic App。

我们去到 example1 目录，用以下命令启动 App：

`ionic serve`

我们启动了一个新的服务，端口是 8100，然后我们就可以在默认浏览器上启动应用程序了。我强烈建议，在 Ionic 项目中，使用 Chrome 或者 Firefox 作为默认浏览器。

当浏览器启动后，你应该会看到空模板页面。

运行以下命令：

`ionic serve`

如果运行 ionic serve 后，出现图 2.4 所示的错误：

```
→ example1 ionic serve
The port 35729 was taken on the host localhost - using port 35730 instead
Running live reload server: http://localhost:35730
Watching : [ 'www/**/*', '!www/lib/**/*' ]
Running dev server: http://localhost:8100
Ionic server commands, enter:
  restart or r to restart the client app from the root
  goto or g and a url to have the app navigate to the given url
  consolelogs or c to enable/disable console log output
  serverlogs or s to enable/disable server log output
  quit or q to shutdown the server and exit

ionic $ An uncaught exception occured and has been reported to Ionic



listen EADDRINUSE (CLI v1.5.0)

Your system information:

Cordova CLI: 5.0.0
Gulp version:  CLI version 3.8.11
Gulp local:
Ionic Version: 1.0.0
Ionic CLI Version: 1.5.0
Ionic App Lib Version: 0.1.0
ios-deploy version: 1.7.0
ios-sim version: 3.1.1
OS: Mac OS X Yosemite
Node Version: v0.12.2
Xcode version: Xcode 6.3.2 Build version 6D2105
```

图 2.4

这说明，在你的机器上，有另外一个应用程序占用了 8100 端口。你可以使用另外一个不被占用的端口，例如 8200，来启动 Ionic 服务：

`ionic serve -p 8200`

一旦应用程序启动成功，在浏览器中我们可以看到输出的页面。回到命令行，我们又可以看到图 2.5 所示的信息。

```
→ example1  ionic serve
Running live reload server: http://localhost:35729
Watching : [ 'www/**/*', '!www/lib/**/*' ]
Running dev server: http://localhost:8100
Ionic server commands, enter:
  restart or r to restart the client app from the root
  goto or g and a url to have the app navigate to the given url
  consolelogs or c to enable/disable console log output
  serverlogs or s to enable/disable server log output
  quit or q to shutdown the server and exit

ionic $
```

图 2.5

之前提及，Ionic CLI 任务管理相当完善。它可以让你轻松配置，调整服务状态。在 Ionic CLI 中输入 R+回车，可以重启应用程序。类似地，输入 C，可以启动或者关闭打印日志功能。

输入 Q+回车可以关闭服务，或者使用快捷键 Ctrl + C 也可以达到相同的目的。

2.7 配置浏览器开发工具

在继续工作前，我会建议你在开发工具中设置以下浏览器。

2.7.1 Google Chrome

当 Ionic 应用程序启动时，打开开发者工具（在 Mac 系统上，按 Command + Option + I；在 Windows/Linux 系统上，按 Ctrl + Shift + I）。然后点击顶部最后一个关闭按钮左侧的按钮，如图 2.6 所示。

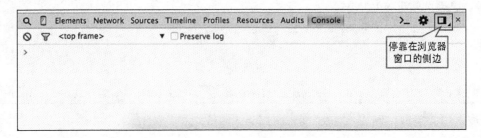

图 2.6

这会将开发工具停靠在当前页面的侧边。拖动浏览器和开发者工具之间的界线，直到浏览器变成一个类似移动设备的屏幕。

点击开发者工具中 Element 选项卡，你可以轻易地检查页面元素，并监控所有属性，如图 2.7 所示。

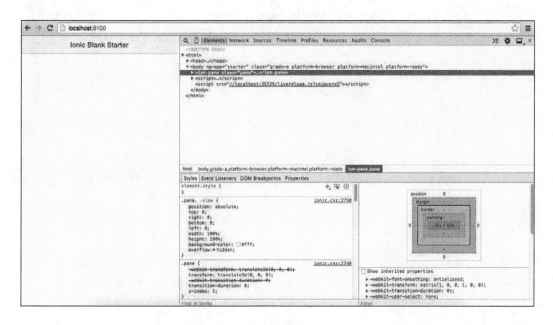

图 2.7

这个模式在修复或检查问题时，非常有用。

2.7.2 Mozilla Firefox

使用 Mozilla Firefox，你可以达到同 Chrome 一样的效果。当 Ionic 应用程序启动时，打开开发者工具（不是 Firebug，而是 Firefox 本地配置工具），打开方式为：Mac 系统上，按 Command+ Option＋I；Windows/Linux 系统上，按 Ctrl＋Shift＋I。然后点击浏览器上的窗口图标，如图 2.8 所示。

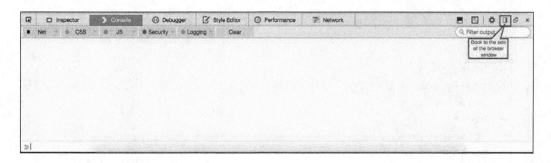

图 2.8

现在，你可以拖动分界线，来达到和 Chrome 一样的效果，如图 2.9 所示。

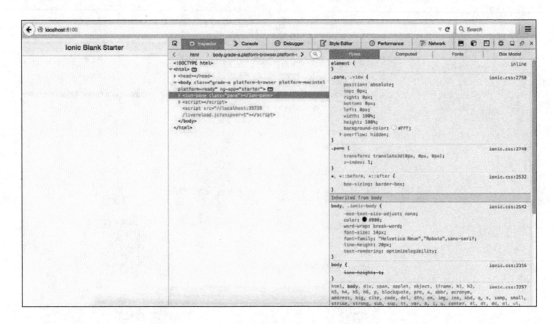

图 2.9

2.8 Ionic 项目结构

到目前为止，我们已经创建了一个空的 Ionic 应用程序，并在浏览器中启动了它。现在，我们来了解 Ionic 应用程序的文件结构。

之前提到过，Ionic 基于 Cordova。所以在了解 Ionic 代码之前，我们先来学习 Cordova 应用。

打开 Chapter2 的 example1 目录，你将会看到以下目录结构：

```
.
├── bower.json
├── config.xml
├── gulpfile.js
├── hooks
├── ionic.project
├── package.json
├── plugins
```

```
├── scss
└── www
```

以下是 Cordova 根目录下每个项的描述。

- `bower.json`：这里包含了程序所需的依赖，并可以通过 Bower 下载。将来，我们会安装应用程序所需的其他 Bower 包。所有相关信息将会在这里提供。

- `config.xml`：这里包含了生成特定平台安装程序时 Cordova 所需要的信息。打开 config.xml，你会看到用 xml 标记描述的项目信息。我们会在之后详细讨论下这个文件。

- `gulpfile.js`：这里包含了构建 Ionic 应用程序时，将会执行的任务。

- `ionic.project`：这里包含了 Ionic 应用程序的相关信息。

- `hooks`：这里包含了特定的脚本，用于特定的 Cordova 任务。一个 Cordova 任务可能会是以下某一种：`after_platform_add`（在添加平台后执行任务）、`after_plugin_add`（在添加插件后执行任务）、`before_emulate`（在模拟器运行前执行任务）、`after_run`（在 App 运行后执行任务）。每一个任务都以 Cordova 任务为脚本名，存放在对应路径中。打开 `hooks` 目录，你会看到 `after_prepare` 目录和 `README.md` 文件。在 `after_prepare` 目录中，你会看到一个名为 `010_add_platform_class.js` 的脚本。在 Cordova 的 prepare 任务完成后，将会执行这个脚本。这个脚本的作用是获取当前运行的应用程序所在的平台名，添加到页面 `<body>` 标签的 class 属性中。这样可以跨平台，更好地控制应用程序的样式。你可以在 `hooks` 目录中的 `README.md` 文件中查询到很多任务。

- `plugins`：这里包含了项目中所使用的插件。我们还会添加越来越多的插件，你可以在这里看到它们。

- `scss`：这里包含了我们将会重写的 Ionic 组件样式文件，即 `scss` 文件。我们将在第 4 章详细讨论。

- `www`：这里包含了 Ionic 代码。这个目录下所有的代码，都会被呈现到网页上。我们将会花费大部分时间在这部分上。

2.8.1 config.xml 配置文件

config.xml 文件是与平台无关的配置文件。正如前面所说，它包含了 Cordova 把 www 目录下的代码打包进 app 安装包过程所需的信息。

config.xml 会严格遵循 W3C 准则（http://www.w3.org/TR/widgets/），在

其中会对特定的 Cordova API、插件、平台进行配置。这个文件中会有两种不同的配置类型。第一种是全局配置，适用于所有设备，另一种是针对特定平台的配置。

打开 config.xml，第一个是 XML root 标签，接下来，你会看到如下的 widget 标签：

```
<widget id="app.example.one" version="0.0.1" xmlns="http://www.w3.org/ns/widgets" xmlns:cdv="http://cordova.apache.org/ns/1.0">
```

id 属性是我们构建的应用程序的唯一标识。其他一些配置会被定义到 widget 的子元素中。其中包括应用程序名（显示在设备中 app 图标下方）、应用程序描述，以及作者相关信息。

widget 标签中还包含把 www 目录代码打包进安装包所依赖的配置。

content 标签定义了应用程序的启动页面。access 标签定义了应用程序允许访问的 URL。默认情况下，可以访问所有 URL。preference 标签会定义一些键值对的选项。例如，DisallowOverscroll 这个选项定义了当用户滚动屏幕到顶部或者底部时，是否应该有视觉反馈。

你可以在以下链接中，了解到更多相关特定平台配置的信息。

- Android：http://docs.phonegap.com/en/4.0.0/guide_platforms_android_config.md.html# Android%20Configuration。
- iOS：http://docs.phonegap.com/en/4.0.0/guide_platforms_ios_config.md.html#iOS%20Confi guration。

> 提示：
> 一般情况下，不管是特定平台还是全局，配置都是相同的。你可以在以下链接中了解到更多信息：http://docs.phonegap.com/en/4.0.0/config_ref_index.md.html#The%20config.xml%20File。

2.8.2　www 目录

之前提到过，www 目录包含了我们应用程序中所有的代码，包括 HTML、CSS、JS。打开 www 目录，你会看到如下的目录结构：

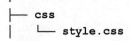

```
├── img
│   └── ionic.png
├── index.html
├── js
│   └── app.js
├── lib
│   └── ionic
├── css
├── fonts
├── js
├── scss
└── version.json
```

让我们了解下每一项具体的作用。

- `index.html`：这是应用程序启动文件。在之前提到的 config.xml 中，content 标签的 src 属性就配置了这个页面。在 AngularJS 机制中，index.html 页面就是单页面应用程序（SPA）的启动页面。打开 index.html，你会看到 body 标签有 ng-app 的属性，通过这个属性，AngularJS 可以找到 js/app.js 中对应要执行启动模块的操作。

- `css`：这个目录包含应用程序所有的样式。

- `img`：这个目录包含了应用程序所有的图片。

- `js`：这个目录包含了应用程序所有的 JavaScript 代码。所有的 AngularJS 代码，会保存到这个目录。打开 app.js，你会看到 AngularJS 模块的设置，以及一些 Ionic 的依赖设置。

- `lib`：这个目录是存放所有由 bower 安装的包。当我们开始构建应用程序时，一些 Ionic 文件将会被加载到其中。如果你想要下载某些插件以及其相关依赖，你可以使用 cd 命令去到 example1 目录，执行以下命令：
  bower install
  你将会看到 4 个或者更多的目录被下载到 lib 下。这些都是 bower.json 文件中配置的 ionic-bower 包的相关依赖文件。
  理想情况下，我们不会在应用程序中直接使用这些库。但我们会用到基于这些类库构建的 Ionic 功能。

以上就是空模板的介绍。在开始构建下一个模板前，让我们简单了解下 www/js/app.js 文件。

可以看到，我们创建了一个新的 AngularJS 模块，名为 `starter`，我们把 `Ionic` 作为依赖注入其中。

在 run 方法中，传入了$ionicPlatform。这个服务用来检测当前平台，以及监听 Android 设备上的按钮，例如回退键。在这里，我们使用了$ionicPlatform 的 ready 方法，来告知当设备准备好时，执行操作。

把代码都放到$ionicPlatform.ready 这个方法中，这是一个好的做法，甚至在某些场景下是必要的。这样的话，你的代码只会在应用程序初始化时，才会被执行。

到目前为止，你已经使用 AngularJS 代码来实现网站的建设。但是，当你使用 Ionic 后，你就可以在 AngularJS 代码中调用某些设备特性。Ionic 提供了一些服务，让我们更好地管理和组织代码。我们在第 1 章中了解到了定制服务的概念，之后我们在第 5 章中将更加深层次地讨论 Ionic 服务。

2.9 构建 tabs 模板

为了更好地了解 Ionic CLI 和项目结构，我们继续来构建另外 2 个模板。首先我们先来构建 tabs 模板。

使用 cd 命令去到 chapter2 目录，并运行以下命令：

`ionic start -a "Example 2" -i app.example.two example2 tabs`

如你所见，tabs 模板项目会被构建到 example2 目录。使用 cd 命令去到 example2 目录，并执行以下命令：

`ionic serve`

你将会看到如图 2.10 所示的标签的用户界面。

这些标签处于页面底部。我们会在第 3 章和第 5 章中详细讨论。

回到 example2 目录，查看项目结构，你会发现除了 www 目录，其他的结构和之前的 example1 是完全一致的。

进入 www 目录中，你会发现 templates 这个新目录。其中包括了部分页面与其对应的 AngularJS 路径。进入 js 目录，你会发现 2 个新文件。

- controller.js: 这里包含了 AngularJS 控制器代码。
- services.js: 这里包含了 AngularJS 服务代码。

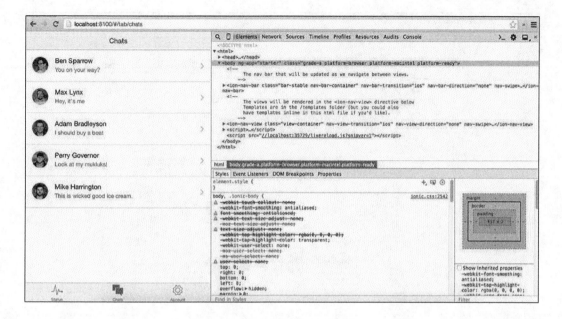

图 2.10

现在你应该了解，Ionic 如何结合 AngularJS，以及相关组件是如何工作的。这会更好地帮助我们处理 Ionic 程序。

2.10 构建 side menu 模板

现在，我们来构建最后一个模板。使用 cd 命令回到 chaper2 目录，并运行以下命令：

`ionic start -a "Example 3" -i app.example.three example3 sidemenu`

构建完成后，使用 cd 命令去到 example3 目录，并运行以下命令：

`ionic serve`

你会看到如图 2.11 所示的页面。

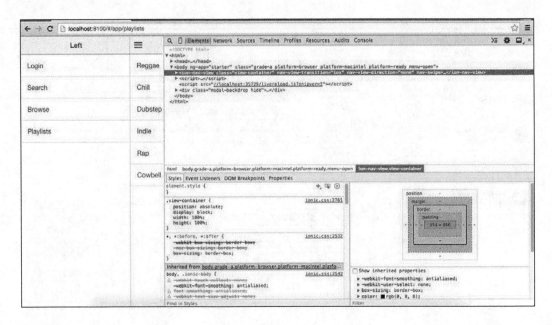

图 2.11

这次你可以自己分析项目结构，观察不同之处。

提示：
你可以使用命令 Ionic start -l 或者 ionic templates 来显示可用的模板。你同样可以使用 Ionic 开始任务来构建应用程序。

2.11　generator-ionic 工具简介

Ionic CLI 是比较容易上手的工具，但是它无法支持项目集成、发布等工作流程。这里的工作流，指的是正确处理开发代码和生产代码。由 Ionic CLI 构建的项目，同时包含了开发代码和生产代码。当你的应用程序变得越来越复杂时，将很容易出现问题。

这就是 generator-ionic 诞生的原因。generator-ionic 是用来构建 Ionic 项目的工具。它集成了 Grunt、Bower、Yo 等工具。最近，它也开始支持 Gulp 了。

> **为什么选择 Yeoman：**
> 不同于其他语言的 IDE，JavaScript 前端开发没有一个统一的开发环境，有些用户使用 AngularJS 项目，而有些会使用 HTML5 项目。Yeoman 解决了这个问题。

Ionic 拥有独有的 CLI 来构建应用程序。但是有些框架，并没有构建工具，而 Yeoman 提供了基础构建工具。

> **提示：**
> 你可以通过链接 http://yeoman.io/ 了解更多有关 Yeoman 的信息，如要下载 Yeoman，请访问链接 http://yeoman.io/generators/。

这里还有一些其他 Ionic 的构建工具（https://gitHub.com/diegonetto/generator-ionic），不过作者本人比较偏爱 generator-ionic。

2.11.1　安装 generator-ionic

在我们安装 generator-ionic 之前，我们需要先全局安装 yo、grunt 以及 gruny-cli，你可以运行以下命令：

```
npm install yo grunt grunt-cli -g
```

Grunt 是类似于 Gulp 的工具。主要的不同点是，Grunt 是重配置轻代码，而 Gulp 是重代码轻配置。

> **提示：**
> 你可以通过链接 http://gruntjs.com/ 了解更多有关 Grunt 的信息。你可以通过链接 http://arvindr21.github.io/building-n-Scaffolding 中的演示，了解 Gulp 和 Grunt 的区别。

接下来，我们来安装 generator-ionic：

```
npm install generator-ionic -g
```

> **提示：**
> 使用 -g 这个参数时，第三方包只需要被安装一次。此后每次使用时，你不需要再安装这个包。

现在，我们可以使用 generator-ionic 来构建一个新的 Ionic 项目。使用 cd 命令返回 chaper2 目录，创建一个名为 example4 的新目录，运行以下命令：

```
yo ionic example
```

不同于 Ionic CLI，你需要回答一些问题，来构建你的应用程序。你可以按如下回答：

```
? Would you like to use Sass with Compass (requires Ruby)?
 N
? Which Cordova plugins would you like to include?
 org.apache.cordova.device
 org.apache.cordova.console
 com.ionic.keyboard
? Which starter template would you like to use?
 Tabs
```

Yeoman 会下载所有项目需要的文件。一旦 Yeoman 构建完成，你可以在 example4 目录中，看到新的文件以及子目录。

> **提示：**
> 你可以通过以下链接了解更多项目结构的信息：https://gitHub.com/diegonetto/generatorionic#project-structure。

以下列出了 Ionic CLI 构建和 generator-ionic 构建的应用程序结构的不同点。

- app：不同于 Ionic CLI 构建的应用程序，我们的工作目录变成了 app 目录，而不是 www 目录。这就是我所说的"代码分离"。我们在 app 目录完成工作，然后执行构建脚本，把新生成的代码放入 www 目录，以备生产环境使用。

- hooks：打开 hooks 目录，你会看到多个 Cordova 任务脚本。

- Gruntfile.js：不同于 Ionic CLI，generator-ionic 使用 Grunt 来管理任务。如果你觉得使用 Grunt 过于繁琐，仍旧可以使用 Ionic CLI 代替 generator-ionic 来构建，使用 Gulp 代替 Grunt 来管理任务。

>
> **提示：**
> 当你使用 generator-ionic 来构建你的应用程序时，请不要在 www 目录中进行开发。当你运行 build 命令后，这个目录中的文件将会被删除，并从 app 目录中重新创建文件到 www 目录。
> 你可以通过以下链接了解更多有关工作流命令的相关信息：https://gitHub.com/diegonetto/generatorionic#workflow-commands。
> 所有的 Ionic CLI 方法都会被封装成对应的 grunt 命令。例如，当你想启动 Ionic 服务时，在使用 generator-ionic 时，可以运行 grunt serve 命令。

接下来，让我们启动创建的应用程序，请运行以下命令：

grunt serve

你将会看到与之前 Ionic CLI 构建的应用相同的页面。

下面是作者选择使用 generator-ionic 而非 Ionic CLI 的原因。

- 代码提示（https://github.com/diegonetto/generatorionic#grunt-jshint）。
- 使用 Karma（测试框架）进行测试以及使用 Istanbul 进行代码覆盖（https://github.com/ diegonetto/generatorionic#grunt-karma）。
- Ripple 模拟器（https://github.com/diegonetto/generatorionic#grunt-ripple）。

这里演示 generator-ionic 的主要原因是向你介绍它的工作流，这样当你的应用程序越来越大时，你可以适应它的工作流。这是作者个人观点，你也可以选择 Ionic CLI。

同样，你可以选择其他 Ionic 构建工具，只有适合自己的工具才是好工具。

2.12 总结

在本章中，我们了解了移动混合应用程序的架构及其工作原理，如何在应用程序的 Web View 上结合 Cordova 运行 HTML、CSS 和 JS 代码。然后，我们安装了在本地开发 Ionic 应用所需的软件。我们使用 Ionic CLI 构建了一个空模板项目，并分析了项目架构。此外，我们又构建了另外两个模板项目,并总结了与空模板项目的异同点。最后,我们安装了generator-ionic 并构建了一个示例应用程序,了解了 generator-ionic 构建应用程序和 Ionic CLI 构建应用程序的区别。

提示:
你可以通过以下链接了解更多有关 Ionic 的信息:
`http://onicframework.com/present-ionic/slides`。

在下一章中,我们将学习 Ionic CSS 组件以及路由。通过这些,我们能借助于 Ionic API 构建出有趣的用户页面和多页面应用程序。

第 3 章 Ionic CSS 组件和导航

之前我们已经大致了解了 Ionic,它适用于开发混合应用程序。我们同样了解了两种构建 Ionic App 的方法:通过 Ionic CLI;通过 generator-ionic。在本章中,我们将了解 Ionic CSS 组件、Ionic 网格系统、Ionic 状态路由。我们还会介绍一些 Ionic 组件,为你提供良好的开发体验。

在本章中,我们主要介绍以下几方面内容:

- Ionic 网格系统;
- CSS 组件;
- 集成 AngularJS 和 Ioinc CSS 组件;
- Ionic 状态路由。

小技巧:
你可以在 Github 上下载本章代码及提交问题,并与作者交流,其地址为 https://github.com/learning-ionic/Chapter-3。

3.1 Ionic CSS 组件

Ionic 由强大的移动 CSS 框架和大量优秀的 AngularJS 的指令与服务组成。这使得开发人员可以快速开发应用并投放市场。Ionic 的 CSS 框架已集成了当下开发 App 所需的几乎所有组件。

为了测试可用的 CSS 组件，我们将构建一个空白的起始模板，然后在其中添加 Ionic 的可视组件。

在构建 App 前，我们先创建一个名为 `chapter3` 的文件夹，本章所有的例子都会放到该文件夹下。

提示：
为了便于理解，在本章中，我们会为每一个组件创建一个 App。当然你也可以把所有的例子放到一个 App 中。

要构建一个空白的 App，执行以下命令：

```
ionic start -a "Example 5" -i app.example.five example5 blank
```

3.1.1　Ionic 网格系统

为了更好地在你的页面布局中定位组件，或者让元素一个紧挨着一个排布，Ionic 提供了一个网格系统。

Ionic 网格系统最棒的地方在于，它是基于 FlexBox 的。FlexBox 也称为 CSS 弹性盒式布局模块，它为优化的用户界面设计提供了一个盒式模型。

提示：
你可以访问 http://www.w3.org/TR/css3-flexBox/ 了解更多关于 FlexBox 的内容。并且你可以在 https://css-tricks.com/snippets/css/a-guide-to-flexbox/ 找到一个不错的 FlexBox 教程。

基于 FlexBox 的网格系统的优点在于你可以拥有一个可伸缩的网格系统。你可以在一个行内定义任意多个列，系统会自动赋予它们相等的宽度。所以，不像基于 CSS 的其他网格系统，你不必担心给网格系统内添加过多的类名。

为了更好地体会网格系统，你可以打开 `example5/www` 文件夹下的 `index.html` 文件。在 `ion-content` 指令内添加以下代码：

```
<div class="row">
    <div class="col">col-20%-auto</div>
    <div class="col">col-20%-auto</div>
    <div class="col">col-20%-auto</div>
    <div class="col">col-20%-auto</div>
    <div class="col">col-20%-auto</div>
```

```
</div>
```

为了更好地观察,我们在`<head>`标签内增加如下样式:

```
<style>
.col {
   border: 1px solid red;
}
</style>
```

提示:
以上样式并非必须使用网格系统,仅仅是为了方便我们
直观地看到布局中每一列的视觉分界。

保存 index.html 文件,使用 cd 命令进入 example5 目录,然后运行以下命令:

ionic serve

你会看到如图 3.1 所示的界面。

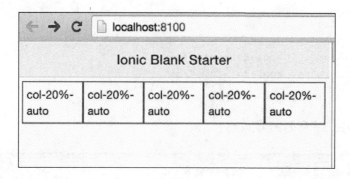

图 3.1

为了检验列的宽度是否会自动变化,我们把 div 子元素减少为 3 个,如下所示:

```
<div class="row">
   <div class="col">col-33%-auto</div>
   <div class="col">col-33%-auto</div>
   <div class="col">col-33%-auto</div>
</div>
```

你会看到如图 3.2 所示的界面。

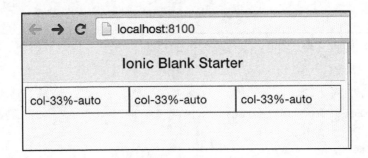

图 3.2

就是这么简单，你不用去计算，你要做的仅仅是添加想要使用的 cols 元素，然后，它们就会自动被分配为等宽。

但这并不是说你不能自定义宽度了。你可以使用 Ionic 提供的类，轻松地自定义列的宽度。

例如，在前面的 3 列布局中，你希望第一个列的宽度为父元素的 50%，剩下的 2 列依旧等宽排列。你需要做的仅仅是给第一个 div 元素添加一个 col-50 类，如下所示：

```
<div class="row">
    <div class="col col-50">col-50%-set</div>
    <div class="col">col-25%-auto</div>
    <div class="col">col-25%-auto</div>
</div>
```

你会看到如图 3.3 所示的界面。

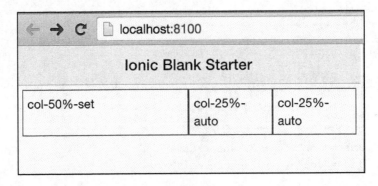

图 3.3

表 3.1 是预定义的类及对应的宽度：

表 3.1

类名	宽度（百分比）
.col-10	10%
.col-20	20%
.col-25	25%
.col-33	33.3333%
.col-50	50%
.col-67	66.6666%
.col-75	75%
.col-80	80%
.col-90	90%

在 col 类后面，你可以添加上表中的任意一个类，并获得对应的宽度。

你也可以按一定比例让列发生偏移。比如，在我们当前的例子中添加如下代码：

```
<div class="row">
    <div class="col col-offset-33">col-33%-offset</div>
    <div class="col">col-25%-auto</div>
</div>
```

你会看到图 3.4 所示的界面。

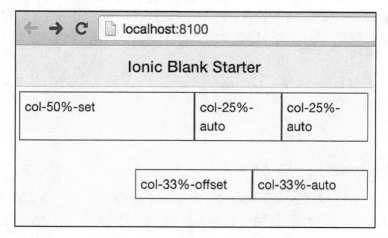

图 3.4

第一个 div 的边界为 33%，剩下的 66%宽度会被分配成 2 个 div。所有的 offset 类要做的是将指定百分比的一个填充添加到 div 的左侧。

表 3.2 是预定义类名和其对应的边界宽度。

表 3.2

类名	宽度（百分比）
.col-offset-10	10%
.col-offset-20	20%
.col-offset-25	25%
.col-offset-33	33.3333%
.col-offset-50	50%
.col-offset-67	66.6666%
.col-offset-75	75%
.col-offset-80	80%
.col-offset-90	90%

你可以在表格中对列进行垂直排列。这是基于 FlexBox 网格系统的另一个优势。

在前文的代码例子中，我们继续添加如下代码：

```
<div class="row">
    <div class="col col-top">.col-top</div>
    <div class="col col-center">.col-center</div>
    <div class="col col-bottom">.col-bottom</div>
    <div class="col">1
        <br>2
        <br>3
        <br>4
    </div>
</div>
```

然后你会看到如图 3.5 所示的界面。

如果行内的其中一列需要高于其他列，你可以通过添加 col-top 类对该列进行行内置顶，如图 3.5 所示。你也可以添加 col-center 类，把列定位于行的中间；你还可以添加 col-bottom 类，把列定位在行底部。

凭借强大而简单的网格系统，布局会变得更加灵活。

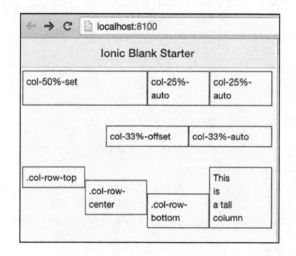

图 3.5

提示：
在第 6 章中会讲解响应式网格，并使用 `ng-repeat` 构建一个动态的网格系统。如果你需要获取更多关于 Ionic 网格系统的知识，请访问：http://ionicframework.comdocs/components/#grid。

3.1.2 页面结构

在开发 Ionic 单页面应用程序之前，我们先来了解一下页面的结构。在进入下一节前，我们会先构建一个空的新项目。

为了构建一个空的 App，我们运行如下代码：

```
ionic start -a "Example 6" -i app.example.six example6 blank
```

使用 cd 命令进入 example6 目录，然后运行如下命令：

```
ionic serve
```

这个命令将会在默认浏览器中启动这个空的应用程序。

在编辑器中打开 example6/www/index.html 文件，找到 body 标签中的如下代码段：

```
<ion-pane>
    <ion-header-bar class="bar-stable">
        <h1 class="title">Ionic Blank Starter</h1>
    </ion-header-bar>
    <ion-content>
    </ion-content>
</ion-pane>
```

整个页面被封装在 ion-pane 指令中。

ion-pane(http://ionicframework.com/docs/api/directive/ionPane/)是一个在视图区展示内容的简单容器。

在上述代码中有一个 ion-header-bar 指令(http://ionicframework.com/docs/api/directive/ionHeaderBar/)。它可以在页面顶部增加一个固定的头。请注意添加到 ion-header-bar 指令上的类属性。

Ionic 提供了 9 种默认的颜色主题，如图 3.6 所示。

图 3.6

可以看到 ion-header-bar 指令上应用了 bar-stable 这个类。你可以通过改变类名的 stable 部分（通过上面的预定义的类名替换），来改变头部样式。

比如，如果你把类从 bar-stable 变成 bar-assertive，头部背景将改变，如图 3.7 所示。

图 3.7

就是如此简单,在下一章中,我们将会介绍如何使用 SCSS 改写应用程序的默认颜色样式。

在这个例子中,我们还使用到了 `ion-content` 指令。`ion-content` 指令(http://ionicframework.com/docs/api/directive/ionContent/)可以创建一个内容区域,并支持滚动。你可以使用 `$ionicScrollDelegate` 更好地控制这些视图。在第 5 章,我们会深入学习 Ionic 指令和服务。

为了使得页面架构更完整,我们在 `ion-pane` 的结束部分增加一个 footer(页脚),代码如下所示:

```
<ion-footer-bar class="bar-assertive">
    <div class="title">Footer</div>
</ion-footer-bar>
```

现在,保存文件,在浏览器中会看到如图 3.8 所示的界面。

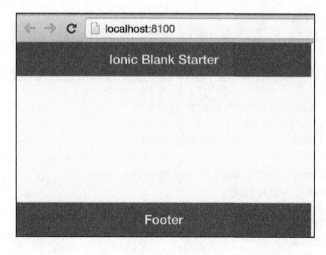

图 3.8

所以,如果你用 Ionic 创建一个单页面 App,页面架构应该如下所示:

```html
<body ng-app="starter">
    <ion-pane>
        <ion-header-bar class="bar-assertive">
           ...
        </ion-header-bar>
        <ion-content>
           ...
        </ion-content>
        <ion-footer-bar class="bar-assertive">
           ...
        </ion-footer-bar>
    </ion-pane>
</body>
```

如果不使用指令,架构会是这样的:

```html
<div class="pane">
        <div class="bar bar-header bar-assertive">
           ...
        </div>
        <div class="content has-header has-footer padding">
           ...
        </div>
        <div class="bar bar-footer bar-assertive">
           ...
        </div>
    </div>
```

同样,你可以给页头或页脚添加按钮。在页头中添加按钮的代码架构如下所示:

```html
<ion-header-bar class="bar-assertive">
    <div class="buttons">
        <button class="button">Left</button>
    </div>
    <h1 class="title">Ionic Blank Starter</h1>
    <div class="buttons">
        <button class="button">Right</button>
    </div>
</ion-header-bar>
```

在 ion-header-bar 指令中,新增的位于 h1 标签前的按钮会显现在页头的左边;位于 h1 标签的后面的按钮会显示在页头的右边,如图 3.9 所示。

图 3.9

你可以在页脚添加相同的代码，同样会显示相应的按钮。Ion-header-bar 指令可以非常方便地为我们创建页头，尤其是在使用固定页头的时候。但接下来我们要介绍 Ionic 的状态路由，这会有一些难度。 当你在处理多页面应用程序时，假如你希望在导航栏上自动显示回退按钮，那么，我们需要使用 ion-nav-bar 替代原来的 ion-header-bar。我们会在稍后学习 Ionic 状态路由时，使用到 ion-nav-bar。

提示：
访问以下链接可以了解更多关于页头组件的信息：http://ionicframework.com/docs/components/#header。
内容组件：http://ionicframework.com/docs/components/#content。
页脚组件：http://ionicframework.com/docs/components/#footer。

3.1.3 按钮

Ionic 提供了不同样式和尺寸的按钮。

使用下述代码更新 www/index.html 中的 ion-content 指令，你会看到各种不同样式的按钮：

```
<ion-content class="padding">
    <button class="button">
        Default
    </button>
    <button class="button button-full button-positive">
        Full Width Block Button
```

```
        </button>
        <button class="button button-small button-assertive">
            Small Button
        </button>
        <button class="button button-large button-calm">
            Large Button
        </button>
        <button class="button button-outline button-dark">
            Outlined Button
        </button>
        <button class="button button-clear button-energized">
            Clear Button
        </button>
        <button class="button icon-left ion-star button-balanced">
Icon Button
        </button>
</ion-content>
```

注意 ion-content 指令上的类。这会给 ion-content 指令增加 10 像素的填充。保存文件后，你会看到如图 3.10 所示的界面。

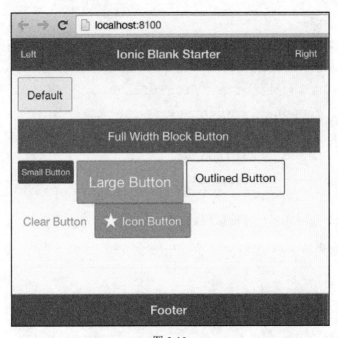

图 3.10

图 3.10 提供了不同风格的按钮，它们都是基于默认 Ionic 颜色风格。

提示：
更多关于按钮组件的信息请查阅：http://ionicframework.com/docs/components/#buttons。

3.1.4 列表

列表组件是大多数 App 用来展现列表内容的组件。列表的结构非常简单，和其他 Ionic CSS 组件一样，列表也是由 CSS 类和 HTML 组成。在 Ionic 中，如果你有个类名是 list 的父级元素，并且它的子元素的类名为 item，那么这些项会以 Ionic 风格的列表样式展示：

```html
<ul class="list">
    <li class="item">
        Item 1
    </li>
    <li class="item">
        Item 2
    </li>
    <li class="item">
        Item 3
    </li>
</ul>
```

你也可以写成这样：

```html
<div class="list">
    <div class="item">
        Item 1
    </div>
    <div class="item">
        Item 2
    </div>
    <div class="item">
        Item 3
    </div>
</div>
```

布局如图 3.11 所示。

基于目前我的 Ionic 使用经验，如果列表的项超过 250 个，并且使用 ng-repeat，每个项超过 10 个属性，此时，程序会失去响应。换言之，你应在这个限制下，尽可能根据需要完善性能。

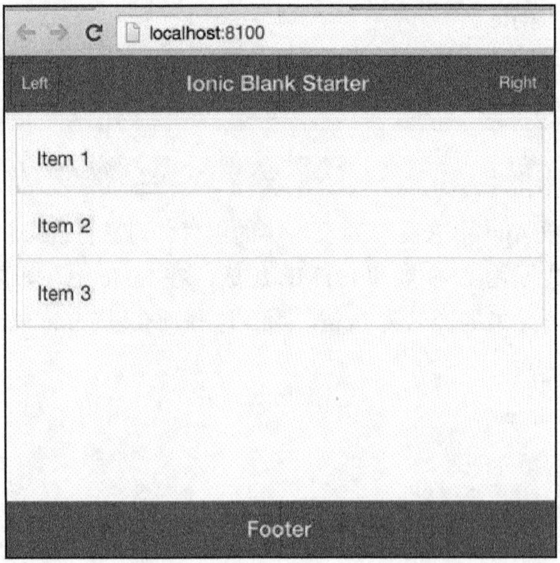

图 3.11

Ionic 组件的多功能特性是基于 CSS 类的（CSS 类可以叠加）。我们可以通过 Ionic 提供的类实现大多数的布局。

比如，如果你想在每一个列表项目的左侧增加一个图标，你只需要给每一个列表项目增加一个 `item-icon-left` 类。它会在列表项目的左边留出足够的空间用来放置图标。

> 提示：
> 你可以在 http://ionicframework.com/docs/components/#item-icons 上看到一个例子。

同样，你还可以在列表项目的左边增加缩略图。你所要做的只是增加类 `item-thumbnail-left`。

> 提示：
> 相关例子请参看 http://ionicframework.com/docs/components/#item-thumbnails。
> 关于列表的更多内容，请参看 http://ionicframework.com/docs/components/#list。

3.1.5 卡片

卡片是一种用来在移动设备上展现内容的最佳设计模式。若要在页面或 App 上展现用户个人信息,卡片是最好的选择。卡片布局是在移动设备上展现内容的潮流,并且在 PC 端同样有这样的趋势。这样的例子有 Twitter（https://dev.twitter.com/cards/overview）和 Google Now（http://www.google.com/landing/now/#cards）。

所以,你可以很容易地在你的 App 上使用这种设计布局,你所要做的仅仅是设计能够适合一张卡片大小的个人内容,然后在容器中添加一个卡片类。如果你希望以列表形式展现一列卡片,你要做的仅仅是在列表容器中增加卡片类。

下面是一个用来显示天气信息的简单代码（使用卡片布局）。

```html
<ion-content class="padding">
        <div class="list card">
            <div class="item text-center">
                <h1>Today's Weather</h1>
            </div>
            <div class="item item-body">
                <p>
                    <div class="text-center">
                        <i class="icon ion-ios-partlysunny" style="font-size:128px"></i>
                    </div>
                    <div class="text-center">
                        <h2>Partly Sunny</h2>
                    </div>
                </p>
            </div>
            <div class="item tabs tabs-secondary tabs-icon-left">
              <a class="tab-item" href="#">
                  <i class="icon ion-thumbsup"></i> Like
              </a>
              <a class="tab-item" href="#">
                  <i class="icon ion-chatbox"></i> Comment
              </a>
              <a class="tab-item" href="#">
                   <i class="icon ion-share"></i> Share
              </a>
            </div>
        </div>
</ion-content>
```

你的页面看起来如图 3.12 所示。

图 3.12

这个精巧的设计可以一目了然地展现需要展现的信息。如果你想设计一个用来展示个人信息,并给人留下深刻印象的布局,那么就使用卡片布局吧。

> 提示:
> 你可以在 http://ionicframework.com/docs/components/#cards 中找到更多关于 Ionic 卡片组件的信息。

3.1.6 字体图标

Ionic 带有大量的字体图标。在上一个例子中你看到的天气图标使用的便是 Ionic 的字体图标,你可以查阅 http://ionicons.com/,找到能立即使用的字体图标。

为了方便使用,这个网站提供了搜索条,你可以搜索某种类型的图标,比如,你输入 sunny,则会看到对应的图标。

需要注意的是，确保网站上的图标版本与你的 Ionic CSS 文件中的图标版本一致。因为 Ionic 团队会一直增加新的图标并升级版本。此处的太阳图标便是 Ionicons 2.0.1 版本中带的。

提示：
你可以访问 http://ionicframework.com/docs/components/#icons，了解更多关于 Ionicons 的信息。

3.1.7 表单元素

Ionic 提供了一套表单元素和布局。从文本框到切换开关，只要你能想到的，Ionic 都提供了。

图 3.13 所示的简单登录表单的结构如下所示。

```
<ion-content class="padding">
<div class="list">
    <label class="item item-input">
        <span class="input-label">Username</span>
        <input type="text">
    </label>
    <label class="item item-input">
        <span class="input-label">Password</span>
        <input type="password">
    </label>
</div>
</ion-content>
```

图 3.13

你也可以用浮动的标签创建一个更棒的表单。你要做的只是给标签添加 item-floating-label 类：

```
<ion-content class="padding">
<div class="list">
    <label class="item item-input item-floating-label">
        <span class="input-label">Username</span>
        <input type="text" placeholder="Username">
    </label>
    <label class="item item-input item-floating-label">
        <span class="input-label">Password</span>
        <input type="password" placeholder="Password">
    </label>
  </div>
</ion-content>
```

输出结果如图 3.14 所示。

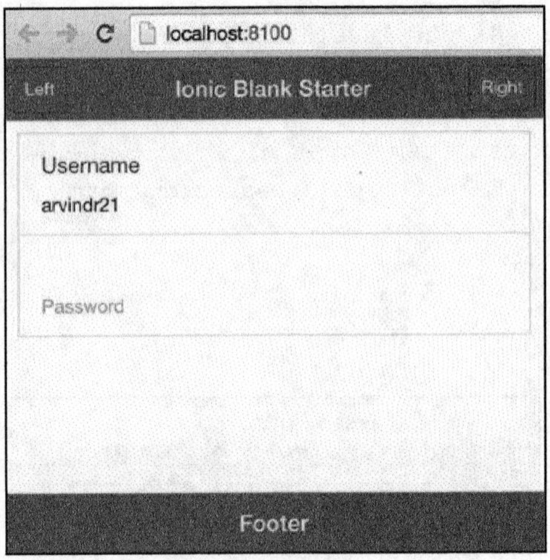

图 3.14

你可以给这些表单元素添加图标。你需要在标签中添加一个 i 标记，然后添加 placeholder-icon 类，就可以让图标显示出来，如下代码所示：

```
<ion-content class="padding">
<div class="list list-inset">
    <label class="item item-input">
        <i class="icon ion-search placeholder-icon"></i>
```

```
        <input type="text" placeholder="Search...">
    </label>
</div>
</ion-content>
```

输出如图 3.15 所示。

图 3.15

你也可以添加其他表单元素，比如文本框或选择框。它们具有预期的外观，而且能与其余的表单元素整齐地混合在一起。你可以尝试如下代码，其输出如图 3.16 所示。

```
<ion-content class="padding">
<div class="list">
        <label class="item item-input">
            <textarea placeholder="This is a &lt;textarea&gt;&lt;/textarea&gt;"></textarea>
        </label>
        <label class="item item-input item-select">
        <div class="input-label">
            Gender
        </div>
            <select>
                <option>Male</option>
                <option>Female</option>
            </select>
        </label>
</div>
</ion-content>
```

图 3.16

复选框有两种表现方式,你可以使用复选框,也可以使用切换开关。

以下代码是一个选择水果列表的例子,其输出如图 3.17 所示。

```
<ion-content class="padding">
  <ul class="list">
    <li class="item item-checkbox">
            <label class="checkbox checkbox-assertive">
                <input type="checkbox">
            </label>
            Apples
    </li>
    <li class="item item-checkbox">
            <label class="checkbox">
                <input type="checkbox">
            </label>
            Oranges
</li>
<li class="item item-checkbox checkbox-energized">
            <label class="checkbox">
                <input type="checkbox">
            </label>
            Lemons
    </li>
</ul>
</ion-content>
```

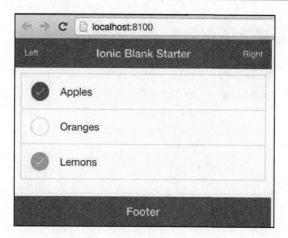

图 3.17

提示：
Ionic 的默认主题是 iOS 样式，所以你会看到这种圆形的复选框。在第 5 章中，我们会尝试修改它。

下面的代码是展现切换开关的用法，其输出如图 3.18 所示。

```html
<ion-content class="padding">
<ul class="list">
        <li class="item item-toggle">
            Wifi
            <label class="toggle toggle-assertive">
                <input type="checkbox">
                <div class="track">
                    <div class="handle"></div>
                </div>
            </label>
        </li>
        <li class="item item-toggle">
            Bluetooth
            <label class="toggle toggle-positive">
                <input type="checkbox">
                <div class="track">
                    <div class="handle"></div>
                </div>
            </label>
```

```
                </li>
<li class="item item-toggle">
        Aeroplane Mode
        <label class="toggle toggle-calm">
                <input type="checkbox">
                        <div class="track">
                                <div class="handle"></div>
                        </div>
                </label>
        </li>
</ul>
</ion-content>
```

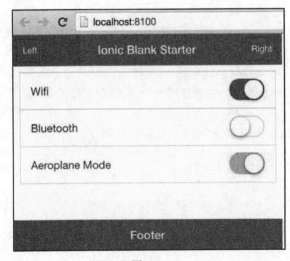

图 3.18

最后我们介绍 Ionic CSS 组件里的滑块输入框。这是一个非常便利和强大的组件，它可以处理用户输入的指定范围内的值。这个组件的最值用例是亮度设置滑块，如图 3.19 所示。

实现图 3.19 的代码如下：

```
<ion-content class="padding">
<div class="list">
        <div class="item range range-positive">
                <i class="icon ion-ios-sunny-outline"></i>
                <input type="range" name="volume" min="0" max="100" value="33">
                        <i class="icon ion-ios-sunny"></i>
        </div>
```

```
            </div>
        </ion-content>
```

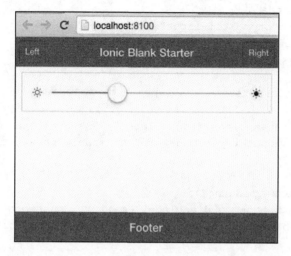

图 3.19

3.1.8 集成 AngularJS 和 Ionic CSS 组件

虽然你可以使用这些很酷的 CSS 组件开发出美观的页面，但是它们能做什么事情呢？在接下来的内容中，我们将学习在实际项目中结合 Ionic CSS 组件和 AngularJS，开发出包含更多功能的页面。

第一个例子是，我们要确保在表单没有被全部填写完成前，提交按钮不可用。我们将创建一个登录表单，表单里有电子邮件和密码输入框。只有用户输入有效的电子邮箱且密码长度大于 3 时，提交按钮才可以使用。

我们构建一个空的 App，并且运行如下命令：

```
ionic start -a "Example 7" -i app.example.seven example7 blank
```

接下来，我们在 `index.html` 中添加一个表单，并给按钮添加一个 `ng-disabled` 指令。当 e-mail 和 password 的 model 值为 `false` 时，`ng-disabled` 计算出的值为 `true`。

提示：
想了解 Javascript 中 true 和 false，可以访问 http://adripofjavascript.com/blog/drips/truthy-and-falsy-values-in-javascript.html。

www/index.html 文件的代码如下：

```html
<div class="list">
  <label class="item item-input">
      <span class="input-label">Email</span>
          <input type="email" ng-model="email">
      </label>
      <label class="item item-input">

          <span class="input-label">Password</span>
          <input type="password" ng-model="password" ng-minlength="3">
      </label>
      <div class="padding">
          <button ng-disabled="!email || !password" class="button button-block button-positive">Sign In</button>
      </div>
</div>
```

保存文件，运行如下命令：

`ionic serve`

如果表单中没有数据输入或输入的数据无效，那么按钮不可被点击，如图 3.20 所示。

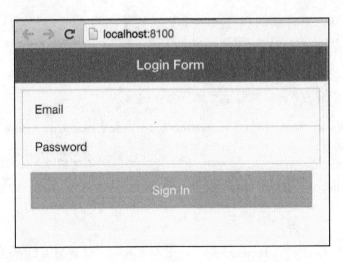

图 3.20

如果表单中的数据有效，那么按钮可以被点击，如图 3.21 所示。

图 3.21

这个简单的例子为我们展现了如何在项目中结合 AngularJS 和 Ionic 开发出具有良好用户体验的 App。上文的代码还可以继续扩展，比如显示验证提示信息。

在下一个例子中，我们将处理 Ionic 和 AngularJS 进行复杂集成的情况。我们将实现一个简单的评级组件。这个组件由 5 颗星星组成，用户点击星星即代表选择对应的评级。被点击后，从第一个星星到用户选中的星星，将被填充颜色。

构建一个空的 App，运行如下命令：

```
ionic start -a "Example 8" -i app.example.eight example8 blank
```

接下来，我们在 www/js/app.js 中添加如下代码：

```
.controller('MainCtrl', ['$scope', function($scope) {

    $scope.ratingArr = [{
        value: 1,
        icon: 'ion-ios-star-outline'
    }, {
        value: 2,
        icon: 'ion-ios-star-outline'
    }, {
        value: 3,
        icon: 'ion-ios-star-outline'
    }, {
        value: 4,
        icon: 'ion-ios-star-outline'
```

```
    }, {
        value: 5,
        icon: 'ion-ios-star-outline'
    }];

    $scope.setRating = function(val) {
        var rtgs = $scope.ratingArr;
        for (var i = 0; i < rtgs.length; i++) {
            if (i < val) {
                rtgs[i].icon = 'ion-ios-star';
            } else {
                rtgs[i].icon = 'ion-ios-star-outline';
            }
        };
    }

}])
```

从上述代码中可以看到，我们创建了一个叫 ratingArr 的数组，该数组包含两个属性，一个是星星对应的值，另一个是需要应用到星星上的类名。然后，我们创建一个 setRating 方法，当用户点击星星时，这个方法会被调用。这个方法将单击的星星的值作为参数，然后遍历所有的评级对象，从第一颗星星到被选中的星星，将它们的图标设置为实心的星星，而其他的则会被设置为空心的星星。

www/index.html 文件中的 body 部分代码如下：

```html
<body ng-app="starter" ng-controller="MainCtrl">
    <ion-pane>
        <ion-header-bar class="bar-positive">
            <h1 class="title">Ionic Blank Starter</h1>
        </ion-header-bar>
        <ion-content class="padding">
            <div class="padding text-center">
                <h3>Rate the App</h3>
                <div>
                    <a href="javascript:" ng-repeat="r in ratingArr" class="padding" style="text-decoration:none;">
                        <i class="icon {{r.icon}}" ng-click="setRating(r.value)"></i>
                    </a>
                </div>
            </div>
        </ion-content>
    </ion-pane>
</body>
```

我们在 body 标记中添加了一个 ng-controller 指令，并在 ion-content 指令中添加了一个 div，在 div 元素下，我们通过遍历 ratingArr 数组渲染出对应的星星。

保存文件，并执行如下命令：

ionic serve

你会看到如图 3.22 所示的界面。

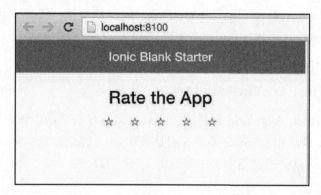

图 3.22

如果你选择第 3 颗星星，则会看到如图 3.23 所示的界面。

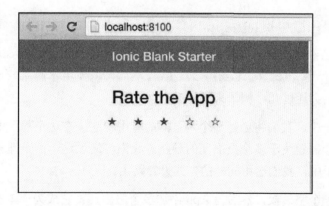

图 3.23

我们列举这个例子的目的同样是为了让我们理解如何在项目中使用 AngularJS 和 Ionic CSS 组件开发 App。

通过这些例子，我们已经简单地介绍了如何使用 AngularJS 和 Ionic CSS 组件开发 App。在下一节中，我们将学习 AngularUI 路由。

3.2 Ionic 路由

即便是再小的应用程序,也会有若干个页面,Ionic 可以轻松地维护其状态和管理数据。但是随着程序越来越复杂,程序在处理不同模板、模板数据、路由间的数据传递等过程时,就会变得越来越难。

所以,为了更容易地管理复杂的多页面 Ionic 应用程序,我们会使用 Ionic 路由。Ionic 路由和 AngularUI 路由是一样的,如果你想了解更多,可以访问 https://github.com/angular-ui/ui-router。

下面这段话摘录自 AngularUI 路由文档:

"AngularUI 路由是 AngularJS 的路由框架,它允许你将页面组织为一个状态机。不同于 Angular ngRoute 模块中的$route 服务(它是通过 URL 路由来管理页面),UI-Route 是根据状态管理页面(这就会涉及路由和附在路由上的行为)。"

提示:
你可以在以下页面了解更多关于 AngularUI 路由的信息:
https://github.com/angular-ui/ui-router/wiki。

3.2.1 一个简单的两页面 App

Ionic 默认已经集成了 AngularUI 路由,我们可以直接在 config 方法中注入 $stateProvider 和$urlRouterProvider,然后可以使用它们在 config 方法中创建路由。接下来,我们会通过几个例子来了解 Ionic 路由。

在第一个例子中,我们将创建一个两页面的应用程序。在这个程序中,我们会添加一个导航按钮。这个按钮用于多个页面间的导航。我们将通过这个例子理解应该如何设置路由。在之后的例子中,我们会用同样的方式设置路由。

我们将构建一个空模板,然后为 App 添加多个路由,使它成为一个多页应用。

你可以通过以下命令构建一个空模板的 App:

```
ionic start -a "Example 9" -i app.example.nine example9 blank
```

在创建 App 之后,打开 www/js/app.js 文件,我们将创建 config 方法,并在方法内添加路由。我们在 www/js/app.js 文件中的 run 方法后添加 config 方法,代码如下所示：

```
.config(function ($stateProvider, $urlRouterProvider) {

  $stateProvider
  .state('view1', {
    url: '/view1',
    template: '<div class="padding"><h2>View 1</h2><button class="button button-positive" ui-sref="view2">To View 2</button></div>'
  })
  .state('view2', {
    url: '/view2',
    template: '<div class="padding"><h2>View 2</h2><button class="button button-assertive" ui-sref="view1">To View 1</button></div>'
  })

  $urlRouterProvider.otherwise('/view1');

})
```

如上所示，`$stateProvider` 和 `$urlRouterProvider` 作为依赖被注入 config 方法中，在页面中，这些服务会被自动加载。

接下来，我们使用 `$stateProvider` 来定义程序中的状态。在本例中，我们使用相同的状态和视图名。`$stateProvider` 中的 state 方法用来声明路由。第一个参数是状态名称，第二个参数是一个对象，主要用来配置路由。在路由配置的部分，我们配置了 URL 和模板，当访问某个 URL 时，对应的模板会被渲染。

在上述代码中，我们创建了两个状态：一个叫 view1，当在浏览器中输入 `http://localhost:8100/#/view1` 时，这个状态会被触发；当在浏览器中输入 `http://localhost:8100/#/view2` 时，名为 view2 的状态会被触发。

如果你仔细观察 URL，在视图名字前会有个 "#"，这个 "#" 号告知浏览器不需要向服务器请求资源，而只要请求本地资源，此时 JavaScript 框架会渲染出相应的页面。

简而言之，当 URL 中 "#" 号后面的内容发生变化时，就会触发事件。路由有一个监听器，当 URL 发生变化时，监听器会被触发。监听器会管理相应的 UI(view1, view2) 和状态的配置。也可以简单地理解为，当 "#" 号后面的内容发生变化时，路由会触发相应的 controller，并渲染对应的页面。

要注意的是，在上述代码中，我们直接通过 inline 的模式写了视图渲染的模板。在下一个例子中，我们将看下如何加载外部文件。同样，按钮可以拥有一个名为 ui-sref 的指令（http://angular-ui.github.io/ui-router/site/#/api/ui.router.state.directive:ui-sref）。ui-sref 指令的作用是将链接和状态绑定起来。如果状态关联了一个 URL，那么该指令会根据设置的值自动生成和更新 href。

所以在本例中，我们点击 view1 模板中的按钮，App 会导航到 view2，反之亦然。最后，我们在 config 方法中设置了一个默认的 URL：

$urlRouterProvider.otherwise('/view1');

当 URL 和状态中的 URL 不符合时，则默认转跳到 view1。

我们刚才已经成功创建并设置了状态。但还遗漏了一个重要的点。我们还需要告诉路由，页面的哪个部分会被相应状态的内容更新。我们通过在 index.html 中添加 ion-nav-view 指令来实现。

> **提示：**
> ion-nav-view 和 ui-view 一样都是状态路由。
> ion-nav-view 是 ui-view 的扩展，增加了动画和历史功能。

在 index.html 中，我们使用以下代码替换 ion-content：

<ion-nav-view class="has-header"></ion-nav-view>

has-header 类的作用是在容器（container）顶部增加一定的填充，这样可以确保包含内容模板的区域不会被导航栏遮挡。

index.html 文件的 body 部分代码如下：

```
<body ng-app="starter">
  <ion-pane>
    <ion-header-bar class="bar-stable">
      <h1 class="title">Two Page Application</h1>
    </ion-header-bar>
    <ion-nav-view class="has-header"></ion-nav-view>
  </ion-pane>
</body>
```

保存文件并执行如下命令：

`ionic serve`

你会看到如图 3.24 所示的界面。

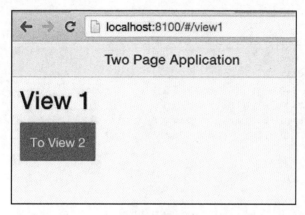

图 3.24

当你点击 To View 2 按钮时，它会把你带到 View2 页面，View2 的页面如图 3.25 所示。

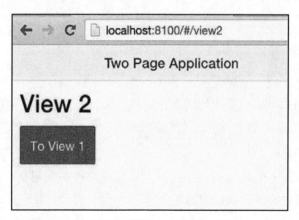

图 3.25

注意观察 URL 的变化。

在下一个例子中，我们将创建一个独立的 HTML 模板文件，并在路由中配置它们。在这个例子中，我们会接触到 `config` 对象中一个名为 `controller` 的新属性。

在这个 App 中，我们将创建两个页面：页面 1 是登录页面，页面 2 是评级页面。

这个例子的目的是让我们理解模板，以及学会如何绑定模板和控制器。我们将从创建一个空模板开始：

```
ionic start -a "Example 10" -i app.example.ten example10 blank
```

接下来，我们将设置路由，在 www/js/app.js 中添加 config 方法，该方法的代码如下所示。

```
.config(function($stateProvider, $urlRouterProvider) {

  $stateProvider
    .state('login', {
          url: '/login',
          templateUrl: 'templates/login.html',
          controller: 'LoginCtrl'
      })

    .state('app', {
        url: '/app',
        templateUrl: 'templates/app.html',
        controller: 'AppCtrl'
    })

  $urlRouterProvider.otherwise('/login');

})
```

我们有两个状态：login 和 app。我们使用 templateUrl 替代了之前的 template。TemplateUrl 是可以请求设置路径的文件。模板文件既可以是存储在硬盘中独立文件，也可以是 index.html 中的一部分，只需要以 script 标签封装就行。我们将会分别介绍这两种方法。

另外，我们会添加一个 controller 属性，这个属性的作用是：当导航到该路由的时候，名称为该属性设置的值的 controller 会被调用，你会看到，我们为每一个视图创建了一个控制器。

首先，我们介绍如何使用基于 script 标签的模板。我们先要创建两个空的 controller，在 www/js/app.js 中添加如下代码：

```
.controller('LoginCtrl', function ($scope) {

})

.controller('AppCtrl', function ($scope) {
```

```
})
```

因为我们在路由配置中声明了 controller，所以当浏览器导航到该视图时，AngularJS 会找寻对应的 controller。基于这个原因，我们需要先创建这两个空的 controller，稍后我们会在这些 controller 中增加功能。

在 www/index.html 文件中，我们将原来 ion-content 替换成如下代码：

```html
<ion-nav-view class="has-header"></ion-nav-view>
```

你可以在 www/index.html 文件的 body 标签中任意处添加代码，最终代码如下：

```html
<body ng-app="starter">

<ion-pane>
  <ion-header-bar class="bar-stable">
    <h1 class="title">My Awesome App</h1>
  </ion-header-bar>
  <ion-nav-view class="has-header"></ion-nav-view>
</ion-pane>

<script type="text/ng-template" id="templates/login.html">
  <h1>Login Template</h1>
  <button class="button button-calm" ui-sref="app">To App</button>
</script>

<script type="text/ng-template" id="templates/app.html">
  <h1>App Template</h1>
  <button class="button button-royal" ui-sref="login">To Login</button>
</script>

</body>
```

注意观察这些 script 标签的 id 属性，它们的值是和 templateUrl 一致的。这是钩子（hook），我们可以借助它，把 tag/ng-template 绑定到路由的 templateUrl 上。

保存文件，运行如下命令：

ionic serve

运行结果如图 3.26 所示。

图 3.26

当你点击 To App 按钮，会进入如图 3.27 所示的页面。

图 3.27

这个例子为我们展示了如何使用 script 标签在 html 文件内写模板。在继续下一个例子前，我们先把 www/index.html 文件内的刚添加的模板代码删掉。

我们将在 www 文件夹下，创建一个名为 templates 的文件夹，注意不要在根目录下。

在 templates 文件夹下，我们创建一个 login.html 文件，它的内容和 example7 一样，代码如下：

```
<div class="list">
    <label class="item item-input">
        <span class="input-label">Email</span>
        <input type="email" ng-model="email">
    </label>
    <label class="item item-input">
```

```
            <span class="input-label">Password</span>
            <input type="password" ng-model="password"
ng-minlength="3">
        </label>
        <div class="padding">
            <button ui-sref="app" ng-disabled="!email || !password"
class="button button-block button-positive">Sign In</button>
        </div>
</div>
```

注意我们给按钮增加了 ui-sref，只要按钮是禁用状态，点击按钮时页面是不会转跳的。

下一步，在 templates 文件夹下创建 app.html 文件，内容和 example8 一样，代码如下：

```
<div class="padding text-center">
    <h3>Rate the App</h3>
    <div>
        <a href="javascript:" ng-repeat="r in ratingArr"
class="padding" style="text-decoration:none;">
            <i class="icon {{r.icon}}"
ng-click="setRating(r.value)"></i>
        </a>
    </div>
     <button ui-sref="login" class="button button-block
button-clam">Sign Out</button>
</div>
```

保存所有文件并返回页面，你会看到登录页面。当你输入有效的 e-mail 地址和大于 3 位的密码时，登录按钮才可被点击（enabled 状态）。此时点击 Sign in 按钮，页面会转跳。

> **提示：**
> 如果你发现 UI 没有被更新，有可能是你没有删除 www/index.html 文件中 script 标签模板。写在 script 标签内的模板文件的引用级别要比独立文件高，使用 script 标签引用模板的方式是不需要发出 AJAX 请求的，而使用独立文件的方式则需要。
> 你可以访问如下网站，了解更多关于 AngularJS 的缓存机制：https://docs.angularjs.org/api/ng/service/$templateCache。

如果你查看页面，你会发现星星没有显示出来。这是因为星星依赖于当前作用域中一个叫 `ratingArr` 的变量，所以，我们要更新一下 `AppCtrl`，让它看起来和 `example8` 一样：

```
.controller('AppCtrl', function($scope) {
    $scope.ratingArr = [{
        value: 1,
        icon: 'ion-ios-star-outline'
    }, {
        value: 2,
        icon: 'ion-ios-star-outline'
    }, {
        value: 3,
        icon: 'ion-ios-star-outline'
    }, {
        value: 4,
        icon: 'ion-ios-star-outline'
    }, {
        value: 5,
        icon: 'ion-ios-star-outline'
    }];

    $scope.setRating = function(val) {
        var rtgs = $scope.ratingArr;
        for (var i = 0; i < rtgs.length; i++) {
            if (i < val) {
                rtgs[i].icon = 'ion-ios-star';
            } else {
                rtgs[i].icon = 'ion-ios-star-outline';
            }
        };
    }
})
```

此时，再返回到刚才的页面，你会看到星星，当你点击它们时，会出现如图 3.28 所示的界面。

同样，我们此时的 `LoginCtrl` 是空的，你可以在 Submit 按钮上添加 `ng-click`，并调用 controller 内的函数，来进行你的验证。你可以去掉按钮标签的 `ui-sref` 属性，使用控制器 `$state` 服务将页面转跳到 `app` 视图。`www/template/login` 中的按钮标签代码如下所示：

```
<button ng-click="validate()" ng-disabled="!email || !password"
```

```
class="button button-block button-positive">Sign In</button>
```

图 3.28

在 www/js/app.js 文件中的 LoginCtrl 部分的代码如下：

```
.controller('LoginCtrl', function($scope, $state) {

    $scope.validate = function() {
        // some other validations...
        $state.go('app');
    }

})
```

在接下来的例子中，我们会使用更复杂的 UI，并且使用到状态路由。我们将在稍后构建一个带选项卡组件的 App。在构建这个 App 前，我们先来看下 AngularUI 路由中的名称视图（named view）。

当路由要改变成这样的方式的时候，我们需要修改页面上的 3 个地方。通过 AngularJS 的 ngRoute 路由是无法实现的，因为如果采用 ngRoute 路由的方式，一个 App 只能有一个 ng-view。但是 AngularUI 路由提供了一种名称为名称视图的方式。你可以在一个页面上拥有多个 ui-view，并可以给它们命名。基于不同的视图状态，可加载相应的模板。

请看以下代码，我们在一个页面上拥有 3 个子视图：

```
<body>
    <div ui-view="partialview1"></div>
```

```html
        <div ui-view="partialview2"></div>
        <div ui-view="partialview3"></div>
</body>
```

在配置我们路由前,我们会先介绍路由配置中的一个新属性:views。我们通过它配置相应的控制器和模板,代码如下:

```javascript
$stateProvider
  .state('page1',{
    views: {
       'partialview1': {
          templateUrl: 'page1-partialview1.html',
          controller: 'Page1Partialview1Ctrl'
       },
       'partialview2': {
          templateUrl: 'page1-partialview2.html',
          controller: 'Page1Partialview2Ctrl'
       },
       'partialview3': {
          templateUrl: 'page1-partialview3.html',
          controller: 'Page1Partialview3Ctrl'
       }
    }
  })
  .state('page2',{
    views: {
       'partialview1': {
          templateUrl: 'page2-partialview1.html',
          controller: 'Page2Partialview1Ctrl'
       },
       'partialview2': {
          templateUrl: 'page2-partialview2.html',
          controller: 'Page2Partialview2Ctrl'
       },
       'partialview3': {
          templateUrl: 'page2-partialview3.html',
          controller: 'Page2Partialview3Ctrl'
       }
    }
  })
```

如上代码所示,如果你在 page1 状态,3 个命名视图(named view)会调用相应的控制器，page2 同样如此。

在 Ionic 中也是这样，我们将使用 ion-nav-view，并增加 name 属性。我们将构建一个有两种状态或者说两个选项卡（tab）的页面。

我们继续从构建空模板开始：

```
ionic start -a "Example 11" -i app.example.eleven example11 blank
```

我们的选项卡界面已经拥有两个选项卡了：login 和 register。我们将在 www/js/app.js 文件中配置这两个状态：

```
.config(function($stateProvider, $urlRouterProvider) {

    $stateProvider
        .state('login', {
            url: '/login',
            views: {
                login: {
                    templateUrl: 'templates/login.html'
                }
            }
        })

        .state('register', {
            url: '/register',
            views: {
                register: {
                    templateUrl: 'templates/register.html'
                }
            }
        })

    $urlRouterProvider.otherwise('/login');

})
```

注意 view 属性和子属性的名字（login 和 register）。观察 views 的对象是怎么声明的。

接下来，我们需要使用到 Ionic 的选项卡指令（http://ionicframework.com/docs/api/directive/ionTabs/）。它通过 ion-tabs 和 ion-tab 指令为我们生成了选项卡界面。

www/index.html 文件中的 body 部分代码如下：

```
<body ng-app="starter">
    <ion-nav-bar class="bar-royal">
    </ion-nav-bar>
    <ion-tabs class="tabs-royal">
        <ion-tab icon="ion-power" ui-sref="login">
            <ion-nav-view name="login"></ion-nav-view>
        </ion-tab>
        <ion-tab icon="ion-person-add" ui-sref="register">
            <ion-nav-view name="register"></ion-nav-view>
        </ion-tab>
    </ion-tabs>
</body>
```

从上述代码可见，`ion-tabs` 包含了两个 `ion-tab`，`ion-tab` 包含了对应的 `ion-nav-view`。`ion-nav-view` 设置了对应的 `name` 属性。

接下来，我们需要创建两个模板。首先在 www 文件夹中创建一个名为 `templates` 的文件夹，然后在该文件夹下创建一个名为 `login.html` 的文件。`login.html` 文件的代码如下：

```
<ion-view view-title="Login">
    <ion-content class="padding">
        <div class="list">
            <label class="item item-input">
                <span class="input-label">Email</span>
                <input type="email" ng-model="email">
            </label>
            <label class="item item-input">
                <span class="input-label">Password</span>
                <input type="password" ng-model="password" ng-minlength="3">
            </label>
            <div class="padding">
                <button ng-disabled="!email || !password" class="button button-block button-royal">Sign In</button>
            </div>
        </div>
    </ion-content>
</ion-view>
```

注意观察上述代码的结构：模板最开始是 ion-view，在 ion-view 中包含 ion-content。下一步，我们将在 www/templates 文件夹下创建 register.html，register.html 的代码如下：

```
ion-view view-title="Register">
    <ion-content class="padding">
        <div class="list">
            <label class="item item-input">
                <span class="input-label">Email</span>
                <input type="email" ng-model="email">
            </label>
            <label class="item item-input">
                <span class="input-label">Password</span>
                <input type="password" ng-model="password"
 ng-minlength="3">
            </label>
            <label class="item item-input">
                <span class="input-label">Re-Enter Password</span>
                <input type="password" ng-model="password2"
 ng-minlength="3">
            </label>
            <div class="padding">
                <button ng-disabled="(!email || !password) ||
 (password != password2)" class="button button-block button-
 royal">Sign In</button>
            </div>
        </div>
    </ion-content>
</ion-view>
```

保存文件，执行以下命令：

`ionic serve`

你会看到如图 3.29 所示的页面。

在之前的例子中，我们从无到有，构建了一个带选项卡组件的 App，并在 App 中创建并使用模板。但我们没必要每次都这么做，我们可以通过命令快速地构建一个带选项卡的 App（使用 Ionic 选项卡模板）。

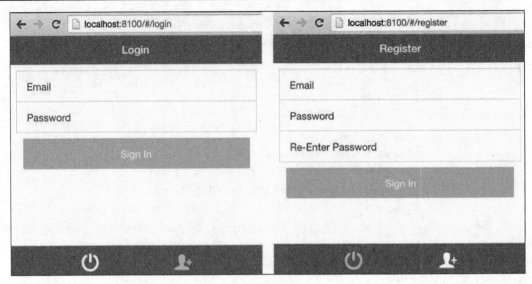

图 3.29

构建 tab 模板的 App,代码如下:

ionic start -a "Example 12" -i app.example.twelve example12 tabs

创建完成后,打开 www/js/app.js 文件,查看 config 方法,会看到已经配置了路由:

```
.config(function($stateProvider, $urlRouterProvider) {
$stateProvider
   .state('tab', {
   url: "/tab",
   abstract: true,
   templateUrl: "templates/tabs.html"
})

.state('tab.dash', {
   url: '/dash',
   views: {
      'tab-dash': {
         templateUrl: 'templates/tab-dash.html',
         controller: 'DashCtrl'
         }
      }
   })

   .state('tab.chats', {
      url: '/chats',
```

```
        views: {
          'tab-chats': {
            templateUrl: 'templates/tab-chats.html',
            controller: 'ChatsCtrl'
          }
        }
      })
      .state('tab.chat-detail', {
        url: '/chats/:chatId',
        views: {
          'tab-chats': {
            templateUrl: 'templates/chat-detail.html',
            controller: 'ChatDetailCtrl'
          }
        }
      })

      .state('tab.account', {
        url: '/account',
        views: {
          'tab-account': {
            templateUrl: 'templates/tab-account.html',
            controller: 'AccountCtrl'
          }
        }
      });

      $urlRouterProvider.otherwise('/tab/dash');

    });
```

你应该注意到，tab 状态配置里多了个 abstract 属性，这个属性设置为 true。设置这个属性后的状态（页面）只能被继承，而不能直接切换到这个状态（页面），当子状态被激活时，它也会被激活。

在本例中，tab 是一个抽象状态，当继承它的子状态被激活时，它也会被自动激活。

> **提示：**
>
> 访问如下地址，你可以了解更多关于抽象状态的信息：
> https://github.com/angular-ui/ui-router/wiki/Nested-States、-%26-Nested-Views#abstract-states。

如果你打开 templates/tabs.html 文件，你可以看到 ion-tabs 设置了一个模板文件，而不像之前的例子那样在 index.html 中。这个模板有点类似前面提到的抽象状态。同样你可以看到，在我们最后的例子中，tab-dash.html、tab-chats.html 等文件结构也被修改成 tab-account.html 文件那样了。

你可以输入如下命令来测试 App：

ionic serve

也许你已经注意到了 chats 选项卡有一个头像列表，当你点击头像时，页面会转跳到个人详情页。这种设计称为母版详情视图，母版展现头像列表，详情展现相关信息。同样你可能已经注意到了，点击不同头像，会进入不同的详情页面，url 也是不相同的，例如：http://localhost:8100/#/tab/chats/0 或者 http://localhost:8100/#/tab/chats/1。

回到 www/js/app.js 文件中的状态配置部分，找到 tab.chat-detail，代码结构如下：

```
.state('tab.chat-detail', {
    url: '/chats/:chatId',
    views: {
        'tab-chats': {
            templateUrl: 'templates/chat-detail.html',
            controller: 'ChatDetailCtrl'
        }
    }
})
```

url 属性中带有参数 '/chats/:chatId'。注意在 chatId 前的冒号。它表示这个路由的 chatId 是一个动态值，当你访问这个路由时，首先会验证路由中的 chatId 之前的部分，然后保存 chatId 的值到路由状态中。

在实际开发中，我们可以利用 $stateParams 获取 url 的参数。让我们看下 www/js/controllers.js 文件中的 ChatDetailCtrl 代码：

```
.controller('ChatDetailCtrl', function($scope, $stateParams, Chats) {
    $scope.chat = Chats.get($stateParams.chatId);
})
```

以上例子展现了在项目中如何综合使用选项卡视图和母版详情视图。你可以创建一个

sidemenu 模板的 App，了解该项目是如何配置路由的。

3.3 总结

在本章中，我们介绍了大多数 Ionic CSS 组件。我们也介绍了 Ionic 提供的多种默认颜色主题，然后，我们在一些例子中，介绍了如何结合 Ionic CSS 组件和 AngularJS 开发 App。我们从零开始，创建了一个有 Ionic 路由的比较简单的 two-page App，最后，我们深入地了解了选项卡视图和母版详情视图。

在下一章中，我们将学习使用强大的 SCSS 来自定义 Ionic CSS。

第 4 章 Ionic 和 SCSS

在这一章中,我们会介绍 Ionic 怎么定制用户界面。Ioinc 默认有 7 种预定义的颜色,在本章中,我们通过修改这些颜色,来修改 Ionic 组件的外观。本章的重点不是介绍组件,而是通过一些例子来让我们理解 Ionic SCSS 是怎么工作的。

本章主要从以下几个方面介绍:

- SASS 与 SCSS 的对比;
- 安装 SCSS;
- 使用 SCSS 变量;
- 使用 SCSS mixins(混合器,就像函数一样);
- 美化侧边栏应用程序。

小技巧:
你可以在 Github 上下载本章代码及提交问题,并与作者交流,其地址为 https://github.com/learning-ionic/chapter-4。

4.1 什么是 SASS

SASS 官方文档(http://sass-lang.com/documentation)是这么介绍的:

"SASS 是对 CSS 的扩展,让 CSS 语言更强大、优雅。它允许你使用变量、嵌套规则、mixins、导入等众多功能,并且完全兼容 CSS 语法。SASS 有助于保持大型项目的样式表结构良好,同时也让你能够快速地开始小型项目。"

需要查看更多的 SASS 的信息,可以查看官方文档:http://sass-lang.com/documentation/。

通俗地讲,SASS 让 CSS 可以编程化。这里读者就要问了,本章我们是讲 SCSS,为什么现在讲的是 SASS 呢?SASS 和 SCSS 都是采用 CSS 预编译处理,但是各自拥有不同的预编译 CSS 的语法。SASS 的预编译机制是 Ruby 开发者使用 HAML(http://haml.info/)开发的,所以语法风格是继承自 Ruby,例如缩进、无大括号、分号等。

以下是一个简单的 Sass 的例子:

```
// app.sass

brand-primary= blue

.container
    color= !brand-primary
    margin= 0px auto
    padding= 20px

=border-radius(!radius)
    -webkit-border-radius= !radius
    -moz-border-radius= !radius
    border-radius= !radius

*
    +border-radius(0px)
```

上述代码经过 SASS 编译后,会生成如下 CSS:

```
.container {
  color: blue;
  margin: 0px auto;
  padding: 20px;
}
* {
  -webkit-border-radius: 0px;
  -moz-border-radius: 0px;
  border-radius: 0px;
}
```

请注意 SASS 代码中的 `brand-primary`,它被作为变量使用,`container` 类中的变量最终会被实际的变量的值替换掉。还有代码中的 `border-radius` 作为 mixin(也被称为声明混合），效果就像调用函数一样，把参数传入后，生成了所需要的 CSS 代码。这样极大地精简了 CSS 代码。

习惯于 `bracket-based` 编码风格的开发人员会觉得使用 SASS 的语法有一些不习惯，为了改进这点，于是就引入了 SCSS。

Sass（Syntactically Awesome Style Sheets）的语法格式没那么优雅，而 SCSS 是在 SASS 基础上改进后的语法，其更类似于 CSS 语法。上面示例中的 SASS 代码使用 SCSS 改写后，如下所示：

```
// app.scss
$brand-primary: blue;

.container{
    color: !brand-primary;
    margin: 0px auto;
    padding: 20px;
}

@mixin border-radius($radius) {
    -webkit-border-radius: $radius;
    -moz-border-radius: $radius;
    border-radius: $radius;
}

* {
    @include border-radius(5px);
}
```

上面的代码看起来是不是更接近于 CSS？所幸的是，Ioinc 的内置组件都采用了 SCSS 语法。

提示：

如果你想了解更多 SCSS 和 SASS 相关的信息，你可以参看网站：`http://thesassway.com/editorial/sass-vs-scss-which-syntax-is-better`。

4.2　在 Ionic 项目中安装 SCSS

现在，我们开始介绍如何在已经存在的 Ionic 项目中安装 SCSS。

首先通过命令构建一个 tabs 模板的项目。创建名为 chapter4 的文件夹，通过 cd 命令进入该文件夹，在这个文件夹下打开命令行，运行如下命令：

```
ionic start -a "Example 13" -i app.example.thirteen example13 tabs
```

我们会介绍安装 SCSS 的两种方式：

- 手动安装；
- Ionic CLI 命令方式安装。

4.2.1 手动安装

手动安装的步骤如下。

1. 使用 cd 命令，进入 example13 目录。

    ```
    cd example13
    ```

2. 安装所需依赖项。Ioinc 项目是通过 package.json 文件管理所需要的依赖项的。这个文件也会包含安装 SCSS 需要的依赖项。同时，项目中自带一个 gulpFile.js 文件，在其中定义了 SCSS 的任务、监控 SCSS 文件的变化，最终编译成 CSS 文件。

3. 安装所需的依赖，运行下面的命令。

    ```
    npm install
    ```

4. 如果你之前没有安装过 Gulp，那么需要先在全局上安装它，运行如下命令。

    ```
    npm install gulp --global
    ```

5. 接下来，打开 www/index.html 文件，然后在其中的 head 部分有如下注释的代码。

    ```
    <!-- IF using Sass (run gulp sass first), then uncomment below
    and remove the CSS includes above
        <link href="css/ionic.app.css" rel="stylesheet">
    -->
    ```

    取消如上代码的注释，只需要保留 link 标签。接下来，在上述文件中，找到并移除 ionic.css 的引用（我们还不需要使用它）。

6. 回到命令行，运行如下命令。

    ```
    gulp sass
    ```

    运行命令后，会在 www/css 目录下生成 ionic.app.css 和 ionic.app.min.css 文件。

以上就是安装 SCSS 的步骤。我们接下来讲如何通过 Ioinc CLI 命令方式安装 SCSS。

4.2.2 Ioinc CLI 命令方式安装

在 `example13` 这个例子中，我们已经通过手动方式安装了 SCSS。

接下来，我们会再创建一个新的项目，并在这个项目中使用 Ionic CLI 命令方式安装 SCSS。

首先，构建一个新项目，在命令行中运行如下命令：

`ionic start -a "Example 14" -i app.example.fourteen example14 tabs`

接下来，切换到 `example14` 目录，运行如下命令：

`ionic setup sass`

这个命令会自动去下载项目的依赖，移除 `index.html` 中的注释，并在 `www/css` 目录中创建 `ionic.app.css` 和 `ionic.app.min.css` 两个文件。相比之前的手动安装的方式，你是不是会觉得 Ionic CLI 方式更简捷一些？

4.3 使用 Ionic SCSS

本节主要讲解如何在 Ionic 中运用 SCSS 自定义变量和 mixins。

在这里，我们认为你已经对 SCSS 有一定了解，并且在这个基础上，我们会通过一些示例来说明如何使用 SCSS。

> **提示：**
> 如果你之前没接触过 SCSS，可以参考如下指南：
> http://sass-lang.com/guide。

4.3.1 基本示例

我们先回顾一下。Ionic 已经为我们提供了一些基本的色值的样式：Positive、Assertive、Calm 等。这些都是 Ionic 团队预定义的。但是在实际项目中，我们需要根据需求自定义不同的颜色，接下来，让我们看看如何去做。

我们继续使用 `example14` 这个例子，打开该目录下的 `www/index.html` 文件，更改 `ion-nav-bar` 上的类，把 `bar-stable` 改成 `bar-positive`。接下来，打开

www/templates/tabs.html 文件，把 ion-tabs 上的 tabs-color-active-positive
改成 tabs-positive。

提示：
在编写本书的时候，tabs 模板中的 ion-nav-bar 指令
自带了 stable 样式。

运行以下命令：

`ionic serve`

显示结果如图 4.1 所示。

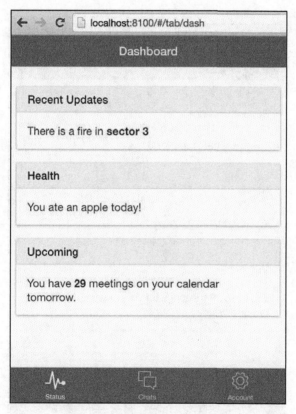

图 4.1

假设我们的 App 现在是这样的。现在我们需要在这个基础上把主题里的蓝色修改成蓝绿色。

为了达到这个目的，我们开始修改代码。打开 scss/ionic.app.scss 文件，从这个文件中找到并复制如下代码：

```
$positive:              #387ef5 !default;
```

首先把上面的代码注释掉，然后修改 $positive 变量的值为 teal（蓝绿色）：

```
$positive:              teal;
```

保存修改的文件，Sass 的后台任务会自动生成新的 ionic.app.css 和 ionic.app.min.css 文件，并且会自动刷新页面。你将会看到一个蓝绿色主题的界面，如图 4.2 所示。

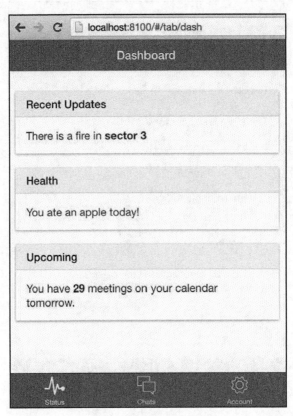

图 4.2

你应该注意到了所有使用 positive 类的地方都被改成蓝绿色了。通过这一小小的修改就可以改变整个 App 的主题。

4.4 理解如何使用 Ionic SCSS 进行开发

这一节，我们讲如何使用 Ionic SCSS 进行开发。

从上面构建的项目的目录结构中，我们会发现存在一个 scss 的文件夹，ionic.app.scss 文件就在这个文件夹下。如果需要自定义主题，那么需要重写的变量都会在这个文件中。如果需要自定义多个主题，推荐在 scss 文件夹中新建类似 theme1.scss、theme2.scss 命名规则的文件。

请注意，任何主题样式文件都应该有如下两行代码：

```
//ionicons字体文件的路径，配置的路径是相对于目录www/css 的相对路径
$ionicons-font-path:"../lib/ionic/fonts"!default;

//包含 Ioinc 目录下所有的文件
@import "www/lib/ionic/scss/ionic";
```

一般情况下，我们会在主题样式文件的最开始部分重写 SCSS 变量，接下来会加载 Ionic 核心的 SCSS 文件，最后才是自定义的样式。

Ionic 核心的 SCSS 文件中会引用如下代码：

```
$ionicons-font-path: "../lib/ionic/fonts" !default;
@import "www/lib/ionic/scss/ionic";
```

如果之前已经使用过 SCSS，你肯定就能理解为什么有的变量设置的值里会有!default。!default 用来设置默认值，如果在前面已经定义了这个变量，那么就按照前面定义的变量的值计算，如果没有定义，那么就使用此处定义的默认的值进行计算。

为了更好地理解，我们来做一个测试。首先在主题文件中找到$ionicons-font-path 变量，现在它的值为 www/lib/ionic/fonts。在这个目录中有 4 个字体文件，用来兼容不同的浏览器。

接下来，我们找到 Ionic SCSS 框架的目录：www/lib/ionic/scss/ionic。你会发现在 scss 目录里根本不存在 ionic 目录。其实这里是指 www/lib/ionic/scss 目录下的 ionic.scss 文件。你应注意到了 SCSS 文件夹下的以下划线（_）开头的一些文件了。

打开 ionic.scss 文件，在文件中导入刚才文件夹中的那些 SCSS 文件：

```scss
@charset "UTF-8";

@import
    // Ionicons 图标
    "ionicons/ionicons.scss",

    // Variables 变量
    "mixins",
    "variables",

    // Base
    "reset",
    "scaffolding",
    "type",

    // Components 组件
    "action-sheet",
    "backdrop",
    "bar",
    "tabs",
    "menu",
    "modal",
    "popover",
    "popup",
    "loading",
    "items",
    "list",
    "badge",
    "slide-box",
    "refresher",
    "spinner",

    // Forms 表单
    "form",
    "checkbox",
    "toggle",
    "radio",
    "range",
    "select",
    "progress",

    // Buttons 按钮
```

```
    "button",
    "button-bar",

    // Util
    "grid",
    "util",
    "platform",

    // Animations 动画
    "animations",
    "transitions";
```

如果需要修改 Ionic 的图标，可以修改 `ionicons/ionicons.scss` 文件；如果需要修改模态框的组件，可以修改 `_modal.scss` 文件；如果需要修改动画，则可以在 `_animations.scss` 文件中修改；等等。

如果你需要修改 Ioinc 组件的主题，那么你还需要了解其中两个比较重要的文件：

- `_variables.scss`
- `_mixins.scss`

正如该文件名所表示的一样，里面的变量都是可以重写、使用 mixins，而且是可以重复使用的。在 `_variables.scss` 文件中，有颜色、字体、内边距、外边距、边框等定义的变量。

例如，搜索 `text-button`，可以找到下面一段设置按钮的定义：

```
$button-positive-bg:              $positive !default;
$button-positive-text:            #fff !default;
$button-positive-border:          darken($positive, 10%) !default;
$button-positive-active-bg:       darken($positive, 10%) !default;
$button-positive-active-border:   darken($positive, 10%) !default;
```

上述代码用于设置按钮定位的样式。尝试修改 `$positive` 变量，看看按钮的显示有什么变化。

下面是一个 `grids`（网格）的例子：

```
// Grids
// -------------------------------

$grid-padding-width:              10px !default;
$grid-responsive-sm-break:        567px !default;
```

```
$grid-responsive-md-break:        767px !default;
                                                      //小于手机横屏时的宽度
                                                      //小于平板的宽度
$grid-responsive-lg-break:        1023px !default;
                                                      //小于平板横屏时的宽度
```

我们可以通过重写这个文件里的变量，观察变量修改后界面的变化，来理解变量的用途。虽然现在还没有官方文档描述这些变量的用途，但是我们可以通过 `_variables.scss` 文件中的注释来理解它们。

下面我们看看另外一个文件，打开 `_mixins.scss` 文件，这个文件包含了 Ionic 组件所使用的混合器。例如，下面是 `button-style` 混合器的定义：

```
@mixin button-style($bg-color, $border-color, $active-bg-color,
$active-border-color, $color) {
  border-color: $border-color;
  background-color: $bg-color;
  color: $color;

  // PC 的下有效:
  &:hover {
    color: $color;
    text-decoration: none;
  }
  &.active,
  &.activated {
    border-color: $active-border-color;
    background-color: $active-bg-color;
    box-shadow: inset 0 1px 4px rgba(0,0,0,0.1);
  }
}
```

这个混合器定义了背景颜色、边框颜色、激活状态的颜色。最终会生成 `border-color`、`background-color`、`color`、`.hover`、`.active`、`.activated` 等样式规则。

下面是一个 `clearfix` 混合器的例子：

```
@mixin clearfix {
  *zoom: 1;
  &:before,
  &:after {
```

```scss
    display: table;
    content: "";
    line-height: 0;
  }
  &:after {
    clear: both;
  }
}
```

这个混合器的使用效果就是清除浮动，我们可以在很多地方使用这个混合器。同样，也没有官方文档指导我们怎么使用混合器，我们可以通过编写一些例子去理解它。

4.4.1 使用变量和混合器

前面已经讲了 Ionic SCSS 里的两个核心的模块，下面我们具体讲讲如何使用：

打开 `_button.scss` 文件。回顾之前我们使用的按钮组件，使用任何按钮的样式或者按钮类型（按钮的类型有 `submit`、`button`、`reset`，默认为 `button`）时，都需要添加 `button` 类。例如：

`<button class="button button-positive button-block">Click Me</button>`

`button` 这个样式提供了默认的按钮样式。其他的类修改了按钮的样式或者按钮类型的样式。这是一种解耦的编写 CSS 的方式。

回到上面的例子，我们看到 button 的样式定义了各种变量和混合器。

以下是 button 样式的部分代码段：

```scss
&.button-positive {
    @include button-style($button-positive-bg, $button-positive-border, $button-positive-active-bg, $button-positive-active-border, $button-positive-text);
    @include button-clear($button-positive-bg);
    @include button-outline($button-positive-bg);
}
```

上面的三个混合器生成了 `button-positive` 的样式。只有当一个元素同时有 button 和 button-positive 样式的时候，这段样式才会起作用。

在这个例子中，我们还使用到 `_util.scss` 文件。这个文件定义了一些公共的样式，例如 `hide`、`show`、`padding` 等。

如果想改变动画、转换相关的样式，可以在 _animations.scss 和 _transitions.scss 文件中修改。SCSS 的组件通过文件名来划分不同的功能，可以通过这种方式进行检索。

4.5 使用 SCSS 的操作流程

我们已经知道怎么安装 Ionic SCSS 框架。接下来，我们介绍在 Ioinc 项目中使用 SCSS 更改主题的操作流程。

步骤如下。

1. 安装 Ionic SCSS。

2. 打开 scss/ionic.app.scss 文件。

3. 添加/修改想要重写的变量。

4. 添加需要加载的字体。

5. 添加/重写预定义的类，或者创建新的类。

下面是一个自定义的 ionic.app.scss 文件：

```scss
// 重写或者新增变量
$positive: teal;
$custom: #aaa;

// 添加自定义的按钮变量
$button-custom-bg: $custom !default;
$button-custom-text: #eee !default;
$button-custom-border: darken($custom, 10%) !default;
$button-custom-active-bg: darken($custom, 10%) !default;
$button-custom-active-border: darken($custom, 10%) !default;

 // 定义 ionic 字体路径
$ionicons-font-path: "../lib/ionic/fonts" !default;

// 导入 Ionic SCSS 框架
@import "www/lib/ionic/scss/ionic";

// 自定义按钮的样式
.button-custom {
    /*
        Usage : <button class="button button-custom">
                Custom Styled Button
```

```
            </button>
        */

        @include button-style($button-custom-bg, $button-custom-border,
$button-custom-active-bg, $button-custom-active-border, $button-custom-
text);
        @include button-clear($button-custom-bg);
        @include button-outline($button-custom-bg);
}
```

想要更改 Ioinc 预定义的主题，可以通过重写默认值变量。

```
$light:                     #fff !default;
$stable:                    #f8f8f8 !default;
$positive:                  #387ef5 !default;
$calm:                      #11c1f3 !default;
$balanced:                  #33cd5f !default;
$energized:                 #ffc900 !default;
$assertive:                 #ef473a !default;
$royal:                     #886aea !default;
$dark:                      #444 !default;
```

我们可以尝试修改一些组件。找到相应的 SCSS 文件里的变量，在 `ionic.app.scss` 文件的最上面重写这些变量。

4.6 创建一个案例

为了更好地理解处理过程，我们先构建一个侧边栏菜单应用程序的项目，通过重写变量和类，修改默认的主题风格。

构建一个 sidemenu 模板的 App，运行如下命令：

`ionic start -a "Example 15" -i app.example.fifteen example15 sidemenu`

用 cd 命令，进入 `example15` 目录，运行如下命令：

`ionic setup sass`

运行上面的命令会去下载并安装 SCSS 依赖。打开 `ionic.app.scss` 文件进行修改。注意，我们采用重写变量的方法去改变外观，而不是通过修改标记或者创建新的类名。

> **提示：**
> 这并不是改变应用程序的主题风格的唯一方法。我们还可以通过修改标签、添加自定义外观的类名（例如 `button-mybrand` 或者 `bar-mybrand`）、新增变量等方式去更改。

假如我们需要将侧边栏菜单 App 改成蓝绿色，最先想到的方式是修改 `$stable` 变量：

`$stable: #009688;`

当你加了上面这段代码后，你会发现页头部分的背景颜色已经变成蓝绿色了，显示如图 4.3 所示的界面。

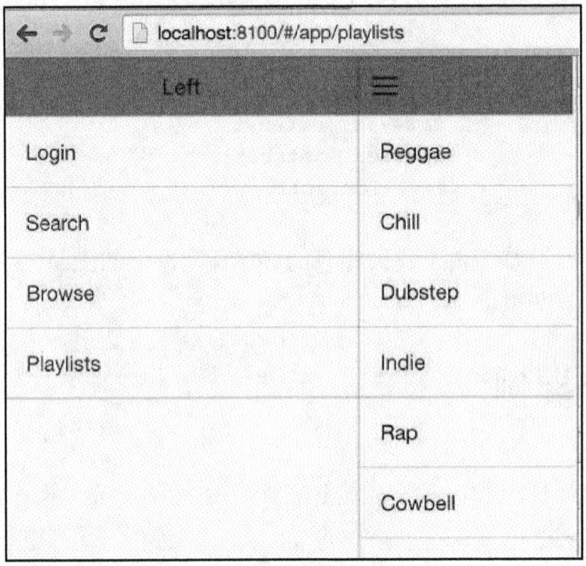

图 4.3

页头部分的字体颜色是黑色的，我们希望修改成白色。打开 _bar.scss 文件，从中找到以下代码：

```
.title {
    color: #fff;
}
```

我们发现上面的代码不是一个变量，在这种情况下，我们需要通过重写样式来实现。在 `ionic.app.scss` 文件中（需要在加载 Ionic CSS 框架的代码后），添加如下代码：

```
.bar.bar-stable .title{
    color:#eee;
}
```

保存文件,页头部分的颜色被改变了。你是否注意到,菜单部分字体颜色仍然是黑色的。我们需要进一步地修改。打开浏览器的开发者工具,查找菜单部分,定位到如下按钮:

```
<button class="button button-icon button-clear ion-navicon" menu-
toggle="left"></button>
```

我们能找到 bar-stable button button-clear 的样式,它设置的颜色为#444,我们找到这个颜色对应的变量,然后修改它。

从 .bar-stable 这个类的名称的开头部分能够知道,这个类定义在 _bar.scss 文件中。在 _bar.scss 文件中,我们能够找到如下代码:

```
.bar-stable {
  .button {
    @include button-style($bar-stable-bg, $bar-stable-border,
$bar-stable-active-bg, $bar-stable-active-border, $bar-stable-
text);
    @include button-clear($bar-stable-text, $bar-title-font-size);
  }
}
```

注意 button-clear 部分,这是一个混合器,在 _mixins.scss 文件中可以找到它。混合器的代码如下:

```
@mixin button-clear($color, $font-size:"") {
  &.button-clear {
    border-color: transparent;
    background: none;
    box-shadow: none;
    color: $color;

    @if $font-size != "" {
      font-size: $font-size;
    }
  }
  &.button-icon {
    border-color: transparent;
    background: none;
  }
}
```

从上面的代码可以看到，混合器的第一个参数是$color，这个就是我们需要修改的变量。回到ionic.app.scss文件中，重写$bar-stable-text变量：

$bar-stable-text: #eee;

保存修改的文件，如图4.4所示。

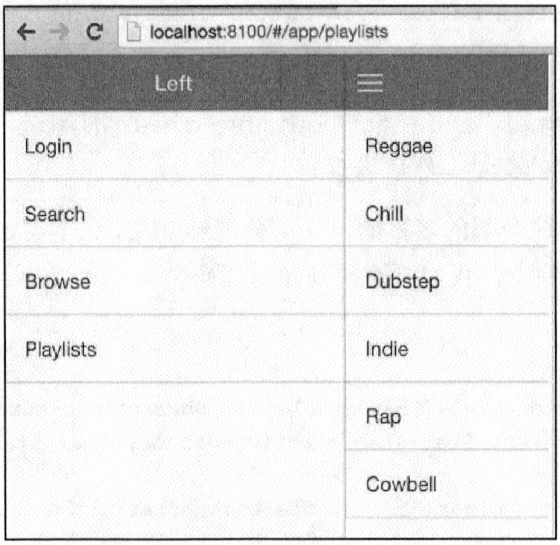

图 4.4

接下来，我们将把字体改变成暗青色。我们通过重写变量$base-color实现。现在，我们继续给列表项添加一个内边距。在_items.scss文件中，你会发现如下代码：

padding: $item-padding;

重写$item-padding的值为30px。

接下来，我们把每个项的背景颜色改成浅绿色。因为这个属性没有变量，需要通过重写样式来改变它：

```
.item-complex .item-content{
    background:#E0F2F1;
    color:#00695C;
}
```

保存修改后的文件，如图4.5所示。

点击登录链接，会弹出一个窗口。在弹出框里，可以看到 **Login** 按钮使用了 positive

类。我们用下面的代码重写这个值：

```
$button-positive-bg: #00BFA5;
$button-positive-border: #00BFA5;
$button-positive-active-bg: #80CBC4;
$button-positive-active-border: #80CBC4;
$button-positive-text: #eee;
```

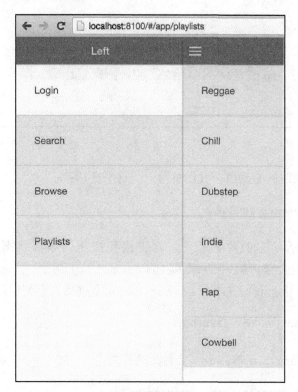

图 4.5

我们找到 button-style 混合器的变量列表，在列表中找到并使用 button-positive 类。注意需要和 button 类一起使用。

Login 弹出框的效果如图 4.6 所示。

看起来已经非常不错了。我们还需要做如下修改，让界面效果更好：

更改列表项被选中时的边框样式和背景色。

打开_items.scss 文件，找到 item-style 混合器，混合器的第 2 个参数是$item-default-border。

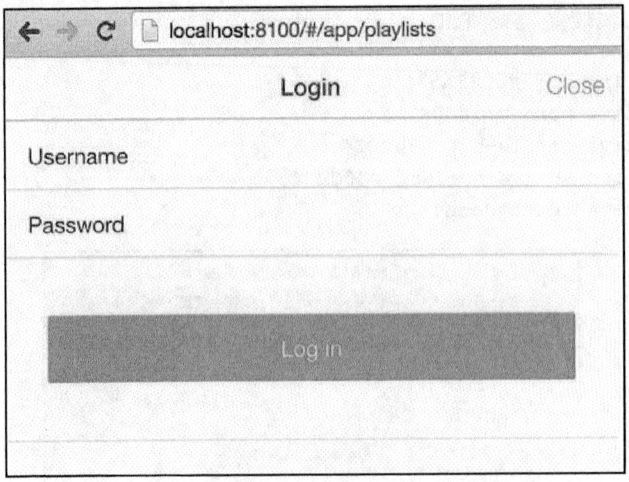

图 4-6

这个值就是控制边框的颜色。我们重写一下这个变量：

`$item-default-border:#009688;`

还需要更改激活状态的背景颜色。在链接和按钮的激活状态的部分，可以看到 item-active-style 的混合器。第一个参数是 `$item-default-active-bg`，这个就是激活状态的背景颜色的变量。我们在 `ionic.app.scss` 中重写这个变量：

`$item-default-active-bg: #B2DFDB;`

完成修改后，`ionic.app.scss` 文件是这样的：

```
// override all $stable themed components
$stable: #009688;

// override the burger menu color
$bar-stable-text: #eee;

// override app base color
$base-color: #00695C;

// increase the item padding
$item-padding : 30px;

// override buttons
```

```scss
$button-positive-bg: #00BFA5;
$button-positive-border: #00BFA5;
$button-positive-active-bg: #80CBC4;
$button-positive-active-border: #80CBC4;
$button-positive-text: #eee;

// border & active bg color
$item-default-border: #009688;
$item-default-active-bg: #B2DFDB;



// ionicons 字体文件的路径，配置的路径是相对于目录 www/css 的路径。
$ionicons-font-path: "../lib/ionic/fonts" !default;

// Include all of Ionic

@import "www/lib/ionic/scss/ionic";

// 重写 title 颜色
.bar.bar-stable .title{
        color:#eee;
}

// 重写 item 的背景颜色和字体颜色
.item-complex .item-content{
        background:#E0F2F1;
        color:#00695C;
}
```

App 最终的效果如图 4.7 所示。

这是非常基础的例子，目的是让大家理解如何使用 SCSS 更改 Ionic app 的主题。读者还可以进行更多的尝试。

>
> 提示：
> 我们已经展示了如何在 Ionic SCSS 中寻找变量和混合器。我们用到的知识是在 Ionic 项目中通过重写变量和混合器来实现主题的改变。

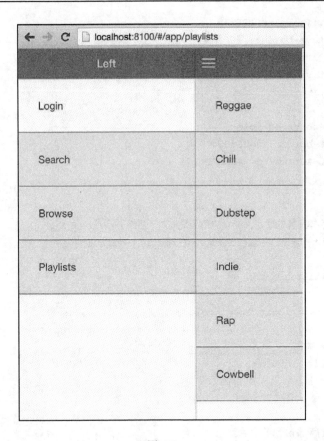

图 4.7

4.7 总结

在这一章中,我们介绍了如何自定义 Ionic App 的主题。我们从如何安装 SCSS 开始,介绍 Ionic SCSS 的目录结构,然后介绍了通过重写变量来改变 app 的主题。最后通过一个案例介绍了使用 SCSS 更改主题外观的具体操作流程。

在下一章中,我们会介绍 Ionic 的指令和服务,这会让我们更方便地构建混合应用程序。

第 5 章
Ionic 指令和服务

就目前的学习历程来看,我们已经知道了 Angular 作为一个前端 MVW 框架产生的作用;我们也对 Cordova 有了一个初步的了解,Cordova 是如何适用于一个混合应用程序开发流程的;我们也介绍了如何通过 Ionic 轻松构建一个混合应用程序;第 3 章,我们介绍了 Ionic 的部分 CSS 组件、页面导航与路由;第 4 章中,我们介绍了结合 Ionic CSS 组件,通过 SCSS 来写出更加灵活优雅的 CSS。

在本章中,我们将会领略 Ionic 框架中的指令(directive)和服务(service),通过复用这些组件,会加速我们的开发。

学完本章后,读者能够:

- 理解 Ionic 指令;
- 理解 Ionic 服务。

5.1 Ionic 指令和服务

Ionic 除了有纯 CSS 组件外,还有一些组件是需要 JavaScript 来实现功能的。因为 Ionic 是基于 AngularJs 的,所以依据 AngularJS 的设计准则,Ionic 有些组件是指令,有些则是服务。

例如,Ionic 指令有:

- Navigation(`ion-nav-view`);
- Content(`ion-content`、`ion-pane` 和 `ion-refresher`);
- Headers and Footers(`ion-header-bar` 和 `ion-footer-bar`);

- Lists（`ion-list` 和 `ion-item`）；
- Tabs（`ion-tabs` 和 `ion-tab`）；
- Side menu（`ion-side-menus` 和 `ion-side-menu`）。

例如，Ionic 服务有：

- Platform（`$ionicPlatform`）；
- Scroll（`$ionicScrollDelegate`）；
- Modals（`$ionicModal`）；
- Navbar（`$ionicNavBarDelegate`）；
- History（`$ionicHistory`）；
- Popup（`$ionicPopup`）。

在下一节中，我们将会仔细了解 Ionic 的指令和服务，并了解它们是如何工作的。我们会根据它们的特性，交叉地介绍指令和服务。

> **小技巧**：
> 为了更好地学习本章，可以访问 https://github.com/learning-ionic/Chapter-5 获取代码，提出自己的问题并和作者讨论。

5.2　Ionic 平台服务

我们介绍的第一个服务是 Ionic 平台服务（`$ionicPlatform`）。这个服务提供了许多和设备相关的接口，利用它们，可以更好地控制程序。

我们会从最基础的`$ionicPlatform.ready()`方法开始，这个方法只会被触发一次，在设备就绪后立即触发。当然，如果设备本来就已经是就绪状态，则该方法会立即执行。

为了了解 Ionic platform 服务，我们可以快速搭建一个 blank 模板的 app，然后仅仅引入该服务。

我们可以先建一个 `chapter5` 的文件夹，之后我们搭建一个 blank 模板的 app，运行如下命令：

```
ionic start -a "Example 16" -i app.example.sixteen example16 blank
```

在这个 App 下的 www/js/app.js 中，你可以发现如下的代码：

```
.run(function($ionicPlatform) {
  $ionicPlatform.ready(function() {
    //当用户在输入时，键盘的工具条会隐藏
    if(window.cordova && window.cordova.plugins.Keyboard) {
      cordova.plugins.Keyboard.hideKeyboardAccessoryBar(true);
    }
    if(window.StatusBar) {
      StatusBar.styleDefault();
    }
  });
})
```

提示：
所有的与 Cordova 相关的代码都只能在 $ionicPlatform.ready() 方法中被调用，因为这个时候 Cordova 的组件 才会被初始化并可以使用。

我们可以发现 $ionicPlatform 服务是作为一个依赖，被注入到 run 方法中的。如果在其他 AngularJS 的 controller 或者指令中也希望利用 Cordova 插件完成一些逻辑，最好采用这样的依赖注入方式。

在 run 方法的代码中，它隐藏了 keyboard accessory bar：

```
cordova.plugins.Keyboard.hideKeyboardAccessoryBar(true);
```

当然，我们可以重新设置它为 false。同时值得注意的是，在这句代码前存在一个 if 判断，在调用 Cordova 前做这样的判断还是一个不错的方式。

这个 $ionicPlatform 还有一个简单的办法去侦测手机设备返回按钮的事件。因为部分 Android 设备有回退按钮，如果想监听该回退按钮的返回事件，可以通过 $ionicPlatform.onHardwareBackButton 方法来实现。

```
var hardwareBackButtonHandler = function() {
  console.log('Hardware back button pressed');
  //当然，这里可以做更多的逻辑
}
```

```
            $ionicPlatform.onHardwareBackButton(hardwareBackButtonHandler);
```

这个事件最好是在 AngularJs 的 run 方法中实现，在 `$ionicPlatform.ready` 中进行调用。当用户按下设备上的返回键时，`hardwareBackButtonHandler` 会回调你传入的方法。

一种通常的做法是当用户按下了设备上的返回按钮时，询问用户是否想退出应用程序，而不是意外地按到返回按钮。

有时候这样的做法是挺烦人的。当然，我们可以让用户来决定是否在退出 app 前进行提示。我们可以通过设置一个变量，来决定是否回退时触发 `hardwareBackButtonHandler`。

代码如下：

```
.run(function($ionicPlatform) {
    $ionicPlatform.ready(function() {
        var alertOnBackPress = localStorage.getItem('alertOnBackPress');

        var hardwareBackButtonHandler = function() {
            console.log('Hardware back button pressed');
            // 当然，这里可以做更多的逻辑
        }
        function manageBackPressEvent(alertOnBackPress) {
            if (alertOnBackPress) {
                $ionicPlatform.onHardwareBackButton(hardwareBackButtonHandler);
            } else {
                $ionicPlatform.offHardwareBackButton(hardwareBackButtonHandler);
            }
        }
        // 当 app 启动
        manageBackPressEvent(alertOnBackPress);

        //当用户改变设置，你可以在相应的代码或控制器中添加如下代码
        function updateSettings(alertOnBackPressModified) {
            localStorage.setItem('alertOnBackPress',alertOnBackPressModified);
            manageBackPressEvent(alertOnBackPressModified)
        }

    });
})
```

在上面的代码中，首先我们看到 `alertOnBackPress` 的值是从 `localStorage` 中取得的，其次当回退按钮被点击时,我们创建了 `hardwareBackButtonHandler` 用于回

调，最后我们创建了 `manageBackPressEvent` 方法通过传入 bool 参数来决定当回退键被按下后是否启用回调。

通过这个设置，当 app 启动时，会调用 `manageBackPressEvent` 方法，并传入从 `localStorage` 获取的值。如果该值为 true，就会在回退时调用回调方法，反之，不做任何操作。随后，我们在配置页面有一个 controller 来使得用户可以进行设置。当用户设置是否提醒时，我们会以改变了的 `alertOnBackPress` 的状态作为参数，调用形如上述的 `updateSettings` 方法。`updateSettings` 方法会去更新 `localStorage` 的值，并调用 `manageBackPressEvent` 方法，通过它来启用或停用回退时的回调。

通过这个例子，你会发现当 AngularJS 与 Cordova 一起工作时，会使你的开发更加简单。

提示：

对于刚刚起步的我们来说，这个例子可能有些复杂。其实绝大多数服务用起来都相当简单，就是根据使用情况去设置是否触发回调事件。我们通过例子来了解这个概念。

5.2.1 registerBackButtonAction

`$ionicPlatform` 同样提供了一个名为 `registerBackButtonAction` 的方法，是另外一种可以控制 app 回退操作的 API。

默认情况下，按下回退键时，会返回上一个页面。举个例子，如果我们的 app 是多页面的，从页面 1 跳转到页面 2，当按下回退按钮后，app 会回到页面 1。考虑到另一种场景，当从页面 1 跳转到页面 2 后，页面 2 自动弹出一个弹出层，这个时候按下回退，只是隐藏弹出层，而不是回到页面 1。

`registerBackButtonAction` 可以传入一个回调函数，以重定义回退的操作，其有 3 个参数。

- `callback`：回退时，回调的函数。
- `priority`：当多个回调方法被注册时，控制其优先级。
- `actionId`（可选）：为该回退操作赋的 id 值，不赋的话，使用系统默认生成的 id，其内部的结构是用 hash、id / handler 来保存的。

各类操作的优先级如下：

- 返回前一个页面＝100；

- 关闭侧边栏菜单＝150；
- 取消/隐藏弹出的业务模块对话框＝200；
- 取消动画效果＝300；
- 隐藏/隐藏弹出的简单对话框＝400；
- 取消正在加载的遮罩层＝500。

所以，如果你想设置自定义的回退优先级，而不想使用 Ionic 默认的优先级，可以参考如下代码：

```
var cancelRegisterBackButtonAction =
$ionicPlatform.registerBackButtonAction(backButtonCustomHandler,201);
```

这个 backButtonCustomHandler 会比其他低于 201 优先级的 listener 先响应，比如返回前一个页面、关闭侧边栏菜单、取消或隐藏弹出的业务模块对话框。

`$ionicPlatform.registerBackButtonAction` 执行后，返回的是一个函数。如上代码，我们将这个函数定义为 cancelRegisterBackButtonAction，调用这个函数，将会响应取消该注册的 listener。

5.2.2 on 方法

除了前面提到的几个容易上手的方法外，`$ionicPlatform` 还有一个更为通用的方法来监听 Cordova 所定义的事件（https://cordova.apache.org/docs/en/edge/cordova_events_events.md.html）。

我们可以监听其他事件，诸如 pause、application resume、volumedown button、volumeupbutton 等。

我们可以在`$ionicPlatform.ready` 方法中进行设置，其代码如下：

```
var cancelPause = $ionicPlatform.on('pause', function() {
      console.log('App is sent to background');
      // 做些节省电源的操作
   });

var cancelResume = $ionicPlatform.on('resume', function() {
      console.log('App is retrieved from background');
      // 重新初始化 app
   });

   // 仅 BlackBerry 10 和 Android 支持 var cancelVolumeUpButton =
```

```
$ionicPlatform.on('volumeupbutton', function() {
        console.log('Volume up button pressed');
        // 按下增加音量按钮
    });

var cancelVolumeDownButton = $ionicPlatform.on('volumedownbutton'
,function() {
        console.log('Volume down button pressed');
        // 按下减小音量按钮
    });
```

当然，这个 on 方法的返回也是一个函数，执行它，即可进行取消监听的操作。

我们现在已清楚了如何控制我们的 App 处理系统事件和硬件事件。

5.2.3 header 和 footer

利用 `ion-header-bar` 和 `ion-footer-bar` 这两个指令，我们可以添加固定的 header bar 和 footer bar。

以下是一个简单的例子：

```
<ion-header-bar align-title="center" class="bar-assertive">
    <div class="buttons">
        <button class="button button-royal" ng-click="doSomething()">Left Button</button>
    </div>
    <h1 class="title">Fixed Header</h1>
    <div class="buttons">
        <button class="button button-royal">Right Button</button>
    </div>
 </ion-header-bar>
 <ion-content>
    <div class="padding">
        <h3>Content</h3>
        <p>Lorem ipsum dolor sit amet, consectetur adipisicing elit, sed do eiusmod
        tempor incididunt ut labore et dolore magna aliqua. Ut enim ad minim veniam,
        quis nostrud exercitation ullamco laboris nisi ut aliquip ex ea commodo
        consequat. Duis aute irure dolor in reprehenderit in voluptate velit esse
        cillum dolore eu fugiat nulla pariatur. Excepteur sint occaecat cupidatat non
```

```
                proident, sunt in culpa qui officia deserunt mollit anim id est
laborum.</p>
        </div>
 </ion-content>
 <ion-footer-bar align-title="left" class="bar-energized">
        <div class="buttons">
                <button class="button button-dark">Left Button</button>
        </div>
        <h1 class="title">Fixed Footer</h1>
        <div class="buttons" ng-click="doSomething()">
                <button class="button button-dark">Right Button</button>
        </div>
 </ion-footer-bar>
```

结果如图 5.1 所示。

图 5.1

5.3 内容的指令和服务

接着，我们来看下和内容相关的指令，首先来看 `ion-content`。

5.3.1 ion-content

`ion-content` 是被用来实现页面的内容的指令。为了更好地控制页面，它提供了许多属性。不仅如此，我们还可以指定 `ion-content` 的 2 种滚动实现方式——Ionic 自带的或者是浏览器自身的。

在写这本书时，目前比较常用的属性如下：

```
<ion-content
  delegate-handle=""
  direction=""
  locking=""
  padding=""
  scroll=""
  overflow-scroll=""
  scrollbar-x=""
  scrollbar-y=""
  start-x=""
  start-y=""
  on-scroll=""
  on-scroll-complete=""
  has-bouncing=""
  scroll-event-interval="">
  <h1>Heading!</h1>
</ion-content>
```

下面是对这几个重要属性的解释。

- `scroll`：是否允许滚动，默认为 `true`。
- `overflow-scroll`：是否使用浏览器的滚动方式。
- `on-scroll`：当页面滚动的时候，调用的语句，也可以是该 `ion-content` 的父 scope 的方法。
- `on-scroll-complete`：当页面滚动完成的时候，调用的语句。
- `scroll-event-interval`：当页面开始滚动前 10 毫秒（默认）调用的语句。
- `scrollbar-x`：允许显示水平滚动条，默认为 `true`。
- `scrollbar-y`：允许显示垂直滚动条，默认为 `true`。
- `locking`：是否只允许同时向一个方向滚动，默认为 `true`。

- direction：允许滚动的方向 x、y（默认）、xy。
- has-bouncing：是否允许超过边界的滚动（iOS：true；Android：false）。

5.3.2 ion-scroll

通过 ion-scroll，我们可以控制页面的滚动，有时候 ion-scroll 可以代替 ion-content。它的用法也很简单，如下：

```
<ion-view ng-controller="MyAppCtrl" cache-view="false">
    <ion-scroll zooming="true" direction="xy" style="width: 300px; height: 300px">
        <div style="width: 1000px; height: 1000px; background-color:teal"></div>
    </ion-scroll>
</ion-view>
```

提示：
用 ion-scroll 时，需要设置 ion-scroll 的高度和其内容的高度，才能实现滚动。

我们会在后面介绍 ion-view。

5.3.3 ion-refresher

还有一个控制内容刷新的指令，这个简单的下拉刷新的功能也已经集成到 ion-content、ion-scroll 这两个指令中了。

为了测试这个例子，我们建立一个空模板的 App：

ionic start -a "Example 17" -i app.example.seventeen example17 blank

进入 example17 目录并执行：

ionic serve

这时会输出一个空页面。

接下来，我们会实现下拉刷新。我建立一个数据 factory 来模拟获取数据的过程，返回一个数组，数组中的每个对象是有两个属性的 hash。

这个 factory 会在我们页面的默认 controller(appCtrl)中被调用，同时在这个 controller 中也实现了 doRefresh 方法，用来当用户下拉刷新的时候被调用。doRefresh 方法在执行时会调用 factory 获取数据，并在成功拿到数据后，将其加入队列 items。

我们的 factory 定义在 www/js/app.js，在 config 方法后面：

```
factory('DataFactory', function($timeout, $q) {

    var API = {
        getData: function(count) {
            // 用 promise 对象来模拟网络
            var deferred = $q.defer();

            var data = [],
                _o = {};
            count = count || 3;

            for (var i = 0; i < count; i++){
                _o = {
                    // http://stackoverflow.com/a/8084248/1015046
                    random: (Math.random() +1).toString(36).substring(7),
                    time: (new Date()).toString().substring(15, 24)
                };

                data.push(_o);
            };
            $timeout(function() {
                //当调用成功
                deferred.resolve(data);
            }, 1000);

            return deferred.promise;
        }
    };

    return API;
})
```

>
> **提示：**
> 因为 AngularJS 支持 promise，所以在这个 factory 方法中，我们用简单的 settimeout 来模拟调用延迟并返回了 promise 对象。我本人非常推荐用 promise 来处理异步的情况。

我们用 AngularJS 提供的 $q 来处理异步的情况，诸如发送一个 http 请求。在 factory 中我们建立的一个对象有两个属性、一个随机的字符串和一个处理过的时间，这些属性仅仅用来做个例子，没有任何实际意义。

我们的 controller 定义在 www/js/app.js：

```
.controller('AppCtrl', function($scope, DataFactory) {
    $scope.items = [];
```

```
    $scope.doRefresh = function() {
        DataFactory.getData(3)
            .then(function(data) {
                //将通过 getData()返回的数组并入$scope.items
                // http://stackoverflow.com/a/1374131/1015046
                Array.prototype.push.apply($scope.items, data);
            }).finally(function() {
                //停止显示"正在刷新"的图标
                $scope.$broadcast('scroll.refreshComplete');
            });
    }

    //当页面加载时，读取数据
    DataFactory.getData(3).then(function(data) {
        $scope.items = data;
    });
})
```

在上面 controller 中，我们注入了我们所需要的 `DataFactory`。当 controller 初始化时，`DataFactory.getData` 被执行，并把 3 个数据添加进列表中（`$scope.items`）。

然后我们定义了 **doRefresh** 方法，当用户下拉时，`doRefresh` 执行了 `DataFactory.getData`，然后把新获得的 3 个数据插入到列表尾部。

注意，我们将数据添加到现有数组的尾部，当然有时候，用户会喜欢把更新的数据放在前面。最后，我们触发了 `scroll.refreshComplete` 事件，以此让加载的图标隐藏。

我们来看下 html 代码，www/index.html，其 body 部分如下：

```html
<body ng-app="starter" ng-controller="AppCtrl">
    <ion-header-bar class="bar-stable">
        <h1 class="title">Pull To Refresh</h1>
    </ion-header-bar>
    <ion-content>
        <ion-refresher pulling-text="Pull to refresh..." on-refresh="doRefresh()">
        </ion-refresher>
        <ion-list>
            <ion-item collection-repeat="item in items">
                <h2>Random Key : {{item.random}}</h2>
                <p>Time : {{item.time}}</p>
            </ion-item>
        </ion-list>
    </ion-content>
</body>
```

注意，这里我们将用 `collection-repeat` 代替 `ng-repeat`。

> **提示:**
> 在显示数量较多的数据列表的情况下，collection-repeat 比 ng-repeat 性能更好，详情可以参见 http://ionicframe work.com/docs/api/directive/collectionRepeat/。

保存文件，然后运行，如图 5.2 所示。

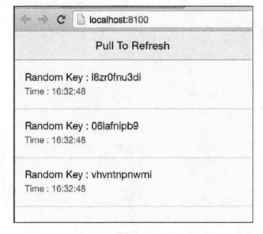

图 5.2

当下拉页面时，页面开始刷新，如图 5.3 所示。

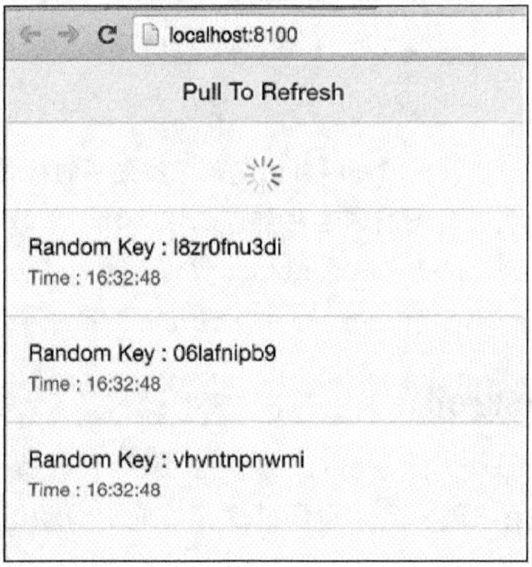

图 5.3

一旦 promise 对象返回结果，那么数据会被添加到列表最后，然后 scroll.
RefreshComplete 被触发，加载的图标也消失了，如图 5.4 所示。

图 5.4

提示：
更进一步，我们可以自己定义下拉更新的标题、图标，以及加载时的图标，这些都可以在 ion-refresh 的属性中找到，详情可以看 http://ionicframework.com/docs/api/directive/ionRefresher/。

5.3.4 ion-infinite-scroll

如同 ion-refresher 一样，Ionic 定义了另一个容易上手的指令，名叫 ion-infinite-scroll。当用户浏览到了页面的底部，向上滑动便能加载更多数据。

它们的区别是 ion-refresher 的加载是需要用户主动进行操作的，而 ion-infinite-scroll 则是用户在浏览页面时，自动进行加载的。

我们把 `ion-infinite-scroll` 加入代码中，如下：

```
<body ng-app="starter" ng-controller="AppCtrl">
    <ion-header-bar class="bar-stable">
        <h1 class="title">Pull To Refresh</h1>
    </ion-header-bar>
    <ion-content>
        <ion-refresher pulling-text="Pull to refresh..." on-refresh=
"doRefresh()">
        </ion-refresher>

        <ion-list>
            <ion-item collection-repeat="item in items">
                <h2>Random Key : {{item.random}}</h2>
                <p>Time : {{item.time}}</p>
            </ion-item>
        </ion-list>

        <ion-infinite-scroll on-infinite="loadMore()" distance="1%">
        </ion-infinite-scroll>
    </ion-content>
</body>
```

注意到 `ion-infinite-scroll` 被放在了 `ion-list` 后，而且有属性 `on-infinite`。当页面显示的高度和内容的高度相差 1%的时候，`on-infinite` 设置的方法会被执行，我们继续用上面 `ion-refresher` 的例子试验 `ion-infinite-scroll`。

在真实的使用环境中，当用户进行下拉操作时，则显示最新的信息，而用户操作页面向下滚动时，代表着想接着看后面的几条旧信息。

`AppCtrl` 中加入了 `loadMore` 方法：

```
.controller('AppCtrl', function($scope, DataFactory) {
    $scope.items = [];

    $scope.doRefresh = function() {
        DataFactory.getData(3)
            .then(function(data) {
                //将通过getData()返回的数组并入$scope.items
                // http://stackoverflow.com/a/1374131/1015046
                Array.prototype.push.apply($scope.items, data);
            }).finally(function() {
                //停止显示"正在刷新"的图标
                $scope.$broadcast('scroll.refreshComplete');
```

```
                });
            }

            $scope.loadMore = function() {
                DataFactory.getData(3)
                    .then(function(data) {
                        //将通过getData()返回的数组并入$scope.items
                        // http://stackoverflow.com/a/1374131/1015046
                        Array.prototype.push.apply($scope.items, data);
                    }).finally(function() {
                        //停止显示"正在刷新"的图标
                        $scope.$broadcast('scroll.infiniteScrollComplete');
                    });
            }

            //当页面加载时，读取数据
            DataFactory.getData(3).then(function(data) {
                $scope.items = data;
            });
        })
```

在上述代码中，我们加入了 `loadMore`，它和 `doRefresh` 差不多，区别是最后触发的事件为 `scroll.infiniteScrollComplete`。

让代码执行后，我们可以清楚地看到 `ion-infinite-scroll` 的工作情况，与此同时，我们从顶部下拉，列表同样会被更新，但是作为例子，我们并没有把数据加载到列表前，只是把它放在了最后。

5.3.5　$ionicScrollDelegate

除了指令，Ionic 还提供了页面滚动的服务，`$ionicScrollDelegate`。它提供了滚动页面、缩放页面和获取页面位置等一系列 API。

在以前的例子中，我已经添加了"回到顶部"的按钮，当用户浏览到列表的任何一处时，都可以通过 `$ionicScrollDelegate` 来回到页面顶部。

我们改动下 `ion-header`：

```
<ion-header-bar class="bar-stable">
        <h1 class="title">Pull To Refresh</h1>
        <button class="button" ng-click="scrollToTop()">Scroll toTop</button>
</ion-header-bar>
```

我们在 controller 中引入 `$ionicScrollDelegate`，并添加如下方法：

```
$scope.scrollToTop = function() {
      $ionicScrollDelegate.scrollTop();
}
```

现在无论用户浏览到列表的哪个部分，他都可以通过 header 上的 Scroll to Top 按钮，迅速回到页面顶部，如图 5.5 所示。

图 5.5

提示：

我们可以从 http://ionicframework.com/ docs/ api/service/ $ionicScrollDelegate/ 中获得更多关于 $ionicScrollDelegate 的信息。

5.3.6 导航

我们接下来介绍 Ionic 的导航组件,它由一系列的指令和服务组成。

我们首先要介绍的是 `ion-nav-view`。

在第 3 章中,我们已经知道 Ionic 状态路由是如何工作的,同时也知道了 Ionic 中 `ion-nav-view` 和 AngularUI Router 中 UI `ui-view` 的区别。

当 App 启动后,`$stateProvider` 会寻找默认的路由,并加载其对应的模板到 `ion-nav-view` 中。

5.3.7 ion-view

`ion-view` 指令隶属于 `ion-nav-view`,用来存放页面的内容和 header、footer。当路由切换时,其对应的页面会加载到 `ion-nav-view` 中。

为了实现更好的性能,Ionic 将页面缓存,当页面离开时,其元素还是会被留在 DOM 中,而且其 scope 也无法被访问。当缓存的页面重新打开时,其页面对应的元素被重新显示,其 scope 同时也可以被访问。

为了实验,我们新建一个空模板的 App:

ionic start -a "Example 18" -i app.example.eighteen example18 blank

进入 `example18`,并运行:

ionic serve

这会启动这个空 App。

打开 `www/js/app.js`,在 run 方法后,加入两个新状态:

```
.config(function($stateProvider, $urlRouterProvider) {
    $stateProvider
        .state('page1', {
            url: '/page1',
            templateUrl: 'page1.html'
        })
        .state('page2', {
            url: '/page2',
            templateUrl: 'page2.html'
        });

    $urlRouterProvider.otherwise('/page1');
})
```

我们为两个页面分别建立两个状态路由，打开 www/index.html，改其 body 部分：

```
<body ng-app="starter">
    <ion-nav-bar></ion-nav-bar>
    <ion-nav-view></ion-nav-view>

    <!-- Templates -->
    <script type="text/ng-template" id="page1.html">
        <ion-view view-title="Title">
            <ion-content>
                <h3>Page 1</h3>
                <button class="button button-dark" ui-sref="page2">
                    Navigate to Page 2
                </button>
            </ion-content>
        </ion-view>
    </script>
    <script type="text/ng-template" id="page2.html">
        <ion-view view-title="Title">
            <ion-content>
                <h3>Page 2</h3>
                <button class="button button-dark" ui-sref="page1">
                    Navigate to Page 1
                </button>
            </ion-content>
        </ion-view>
    </script>
</body>
```

我们有一个 ion-nav-view 用来显示 ion-view。AngularJS 不需要在发送一个 AJAX 请求时获取模板，所以我们用 script 标签来创建模板，虽然它是比较高效的方式，但是这样的方式是比较难以维护的。

在上面的 ion-view 中，包含着 ion-content，每当有新的模板被加载，它都会被缓存。当然我们可以使用在 ion-view 中添加属性，用来控制页面的展现形式，当然也包括缓存的策略。

比如上面的代码，我们在 ion-view 标签中加入了 view-title，在 ion-nav-bar 存在的时候，这个属性的值将会被用作页面的标题。

可以通过在 ion-view 标签中，设置 cache-view 为 false，来关闭页面上的缓存。也可以通过在 ion-view 标签中设置 hide-nav-bar，来控制 hide-nav-bar 是否显示。

加上这些属性后，ion-view 标签成为：

```
<ion-view view-title="Title" cache-view="false" hide-nav-bar="false"
hide-back-button="true" can-swipe-back="false">
```

我们也可以设置是否在 `ion-nav-bar` 上显示回退按钮。我们将会在介绍 `ion-nav-bar` 的时候,再回顾讨论这个问题。

为了测试代码,我们可以运行:

```
ionic server
```

5.3.8　Ionic view 的事件

Ionic view 有着很多生命周期的事件供我们使用,我们在 example 18 中加入新的 run 方法,在这个方法中,我们监听了 `$ionicview` 的事件。打开 www/js/app.js 文件,并添加如下代码:

```
.run(function($ionicPlatform, $rootScope) {
    // 观察其生命周期
    $rootScope.$on('$ionicView.loaded', function(event, view) {
        console.log('Loaded..', view.stateName);
    });

    $rootScope.$on('$ionicView.beforeEnter', function(event, view){
        console.log('Before Enter..', view.stateName);
    });

    $rootScope.$on('$ionicView.afterEnter', function(event, view){
        console.log('After Enter..', view.stateName);
    });

    $rootScope.$on('$ionicView.enter', function(event, view) {
        console.log('Entered..', view.stateName);
    });

    $rootScope.$on('$ionicView.leave', function(event, view) {
        console.log('Left..', view.stateName);
    });

    $rootScope.$on('$ionicView.beforeLeave', function(event, view){
        console.log('Before Leave..', view.stateName);
    });

    $rootScope.$on('$ionicView.afterLeave', function(event, view){
        console.log('After Leave..', view.stateName);
    });
    $rootScope.$on('$ionicView.unloaded', function(event, view) {
        console.log('View unloaded..', view.stateName);
    });
})
```

> **提示：**
> 在一个 module 中，我们可以添加多个 run 方法。

当我们切换到第二页，就会看到图 5.6 所示的页面。

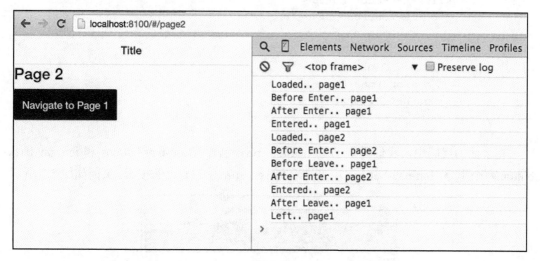

图 5.6

我们可以根据实际需求，去记录事件的顺序或者做一些自定义的操作。

> **提示：**
> 只有 $ionicView.loaded 和 $ionicView.unloaded 是通过 $rootScope.on 来监听的，而其他事件，也都可以通过对应 controller 的 $scope.on 来监听。

5.3.9 ion-nav-bar

在多页面的 App 中，ion-nav-bar 是很有用的。在 example 18 的 App 中，是关于 ion-nav-bar 比较简单的例子，当 App 的路由切换时，对应的页面的标题也跟着改变。

下面我们来看下稍微复杂一些的例子，在 www/index.html 文件中添加如下代码：

```
<ion-nav-bar class="bar-assertive">
    <ion-nav-buttons side="left">
        <button class="button button-energized" ng-click="leftyClick()">
```

```
            Left Button
        </button>
    </ion-nav-buttons>
    <ion-nav-back-button class="button-clear">
        <i class="ion-arrow-left-c"></i> Back
    </ion-nav-back-button>
    <ion-nav-buttons side="right">
        <button class="button button-energized" ng-click="rightyClick()">
            Right Button
        </button>
    </ion-nav-buttons>
</ion-nav-bar>
```

在上面的代码中，我们看到了 ion-nav-bar 包含着 ion-nav-buttons 和 ion-nav-back-button 两个指令。Ion-nav-buttons 用来显示在 ion-nav-bar 上的按钮，页面如图 5.7 所示。

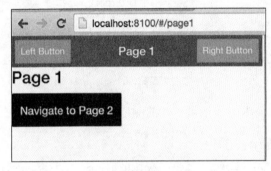

图 5.7

我们可以在当前的 view scope 中定义 leftyClick 和 rightyClick 两个方法，也可以单单为 ion-nav-bar 创建一个专用的 controller，还可以将 leftyClick 和 rightyClick 两个方法定义在$rootScope。通常 app 中，右上角位置可以是登出按钮、选项按钮，也可以是添加按钮。

在 ion-nav-bar 中可以放入 ion-nav-back-button 指令，当页面切换时，回退按钮会被自动加上。我们从页面 1 切到页面 2 时，会看到如图 5.8 所示的页面。

我们发现回退按钮会自动添加到最左边，并把旁边的按钮往右移。

提示：
只有在模板被 ion-view 包含的情况下，ion-nav-bar 才能正常工作。

5.3 内容的指令和服务   131

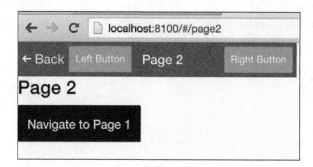

图 5.8

我们可以设置 `hide-nav-bar` 为 `false`，用来显示 `ion-nav-bar`，也可以通过设置 `hide-back-button` 为 `false`，来显示回退按钮。

更改页面 2 的代码如下：

```
<ion-view view-title="Page 2" hide-nav-bar="false" hide-back-button="true">
```

从页面 1 导航到页面 2 时，页面 2 没有显示回退按钮，如图 5.9 所示。

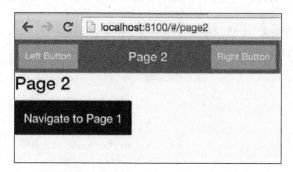

图 5.9

5.3.10 ion-nav-buttons

Ionic 提供了对于 header bar 的按钮更加细粒度的控制，如果你在 `ion-view` 中加了 `ion-nav-buttons`，那么该模板上的 `ion-nav-buttons` 会覆盖掉 `ion-nav-bar` 上的 `ion-nav-buttons`。

我们修改一下页面 2 的模板：

```
<script type="text/ng-template" id="page2.html">
    <ion-view view-title="Page 2" hide-nav-bar="false" hide-back-
```

```
button="true">
        <ion-nav-buttons side="left">
            <button class="button button-calm" ng-click="settings
Click()">
                Settings
            </button>
        </ion-nav-buttons>
        <ion-nav-buttons side="right">
            <button class="button button-calm" ng-click="options
Click()">
                Options
            </button>
        </ion-nav-buttons>
        <ion-content>
            <h3>Page 2</h3>
            <button class="button button-dark" ui-sref="page1">
                Navigate to Page 1
            </button>
        </ion-content>
    </ion-view>
</script>
```

注意到 ion-nav-bar 中的 ion-nav-buttons 并没有被改动。

```
<ion-nav-bar class="bar-assertive">
    <ion-nav-buttons side="left">
        <button class="button button-e nergized" ng-click="lefty
Click()">
            Left Button
        </button>
    </ion-nav-buttons>
    <ion-nav-back-button class="button-clear">
        <i class="ion-arrow-left-c"></i> Back
    </ion-nav-back-button>
    <ion-nav-buttons side="right">
        <button class="button button-energized" ng-click="righty
Click()">
            Right Button
        </button>
    </ion-nav-buttons>
</ion-nav-bar>
```

改动完后保存，并刷新页面。会发现页面 1 的 header 仍旧如图 5.10 所示。

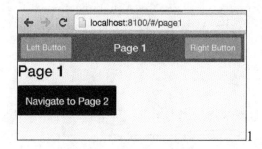

图 5.10

然而，页面 2 的 header 是从其模板中读取的，如图 5.11 所示。

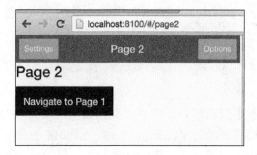

图 5.11

5.3.11 $ionicNavBarDelegate

ion-nav-bar，通过$ionicNavBarDelegate，可以在 controller 中被操纵。为了更好地理解，我们分别为两张页面建立 controller，页面 1page1.html 为 PageOneCtrl，页面 2page2.html 为 PageTwoCtrl，并更新代码为：

```
<script type="text/ng-template" id="page1.html">
    <ion-view ng-controller="PageOneCtrl">
        <ion-content>
            <h3>Page 1</h3>
            <button class="button button-dark" ui-sref="page2">
                Navigate to Page 2
            </button>
        </ion-content>
    </ion-view>
</script>
<script type="text/ng-template" id="page2.html">
    <ion-view ng-controller="PageTwoCtrl">
        <ion-content>
            <h3>Page 2</h3>
```

```
            <button class="button button-dark" ui-sref="page1">
                Navigate to Page 1
            </button>
        </ion-content>
    </ion-view>
</script>
```

注意我们删去了在 ion-view 上的属性,并加上了 ng-controller,我们接下来去更新 www/js/app.js,加上以下两个 controller:

```
.controller('PageOneCtrl', function($scope, $ionicNavBarDelegate)
{
    $ionicNavBarDelegate.title('Page 1');
})

.controller('PageTwoCtrl', function($scope, $ionicNavBarDelegate)
{
    $ionicNavBarDelegate.title('Page 2');
    $ionicNavBarDelegate.showBackButton(false);
})
```

我们为每个页面设置了页面标题,并且,我们在页面 2 上不显示回退按钮,保存你的文件,并刷新,你会看到预期的效果,其他 $ionicNavBarDelegate 常用的属性如下:

- align:控制标题和按钮默认的显示方向,靠左、靠右、居中(默认);
- showBar:设置是否显示 header。

5.3.12 $ionicHistory

另外一个比较有用的服务是 $ionicHistory,它跟踪每一个 view,并控制如何在不同的 view 之间切换。

$ionicHistory 的优点是,它提供了除浏览器以外的另一个历史记录,特别是当我们的页面存在选项卡,且每个选项卡又包含了几张页面时,$ionicHistory 会给我们带来便利。

回到之前的例子中,将 PageTwoCtrl 更改为:

```
.controller('PageTwoCtrl', function($scope, $ionicNavBarDelegate,$ionic
History) {
    $ionicNavBarDelegate.title('Page 2');
    $ionicNavBarDelegate.showBackButton(false);
    console.log($ionicHistory.viewHistory())
})
```

我们在 PageTwoCtrl 注入 $ionicHistory,并记录当前的页面历史。

当我们保存,并在浏览器上查看时,会显示如图 5.12 所示的界面。

viewhistory 方法会返回一个对象，包含着前一个 view（backView）、当前 view（currentView）和当前所有 view 的历史对象（histories）。

通过这个 viewHistory 方法返回的对象，我们可以知道用户是如何访问到一张页面的，viewHistory 方法在这种场景下非常实用。

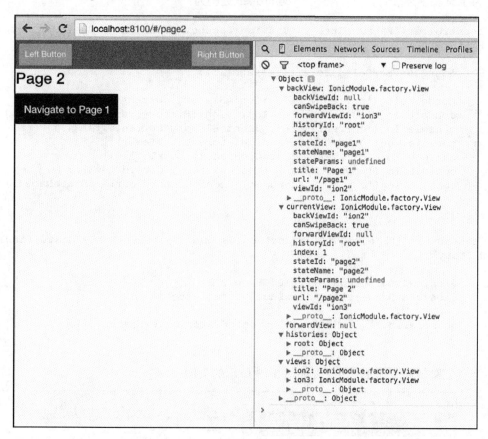

图 5.12

我们也可以使用 $ionic History 服务来获取下面这些页面历史方法的单独属性。

- currentView：返回当前页面。
- currentHistoryId：返回当前页面父容器的 ID。
- currentTitle：获取或设置当前页面的标题。
- backView：返回当前页面的前一个页面。
- backTitle：返回前一个页面的标题。

- forwardView：返回前一张页面。当从页面 1 切换到页面 2，再从页面 2 切换到页面 1 时，才会存在前一张页面。

- currentStateName：返回当前页面对应的状态的名称。

为了试验上述属性，我们将两个 controller 更新为：

```
.controller('PageOneCtrl', function($scope, $ionicNavBarDelegate, $ionicHistory) {

    $ionicNavBarDelegate.title('Page 1');

    console.log('currentView', $ionicHistory.currentView());
    console.log('currentHistoryId', $ionicHistory.currentHistoryId());
    console.log('currentTitle', $ionicHistory.currentTitle());
    console.log('backView', $ionicHistory.backView());
    console.log('backTitle', $ionicHistory.backTitle());
    console.log('forwardView', $ionicHistory.forwardView());
    console.log('currentStateName', $ionicHistory.currentStateName());

})

.controller('PageTwoCtrl', function($scope, $ionicNavBarDelegate,$ionicHistory) {

    $ionicNavBarDelegate.title('Page 2');
    $ionicNavBarDelegate.showBackButton(false);

    console.log('viewHistory', $ionicHistory.viewHistory());
})
```

当我们跳转到页面 1，会发现如图 5.13 所示的页面。

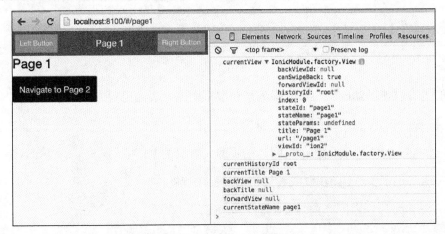

图 5.13

当我们再跳转到页面 2，会发现和之前一样，如图 5.14 所示。

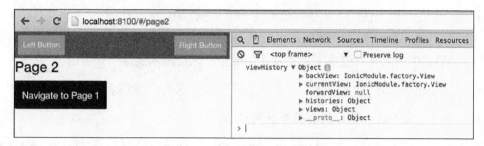

图 5.14

最后，我们再从页面 2 上跳转到页面 1，会发现 `forwardView` 有值了，如图 5.15 所示。

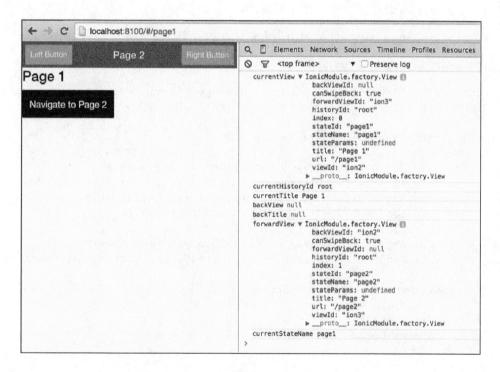

图 5.15

提示：
在图 5.15 中会发现 `backView` 为 `null`，那是因为在页面 1 和页面 2 上都设置了不缓存页面。

`$ionicHistory` 有 3 个方法。

- `goBack`：默认情况下，是回退到前一个 view。但是也可以给定一个负整数，退回到想要的页面。比如，默认是-1，退回到前一页，当给定-2 时，就会退回到前两页，当给定的值的绝对值大于历史页面的数量，则会退回到第一张页面。
- `clearHistory`：清除除了当前页以外所有页面的历史记录。
- `clearCachel`：删除所有被缓存的页面。

使用 `$ionicHistory` 的 `nextViewOptions` 方法可以控制下一张页面的属性，有以下选项。

- `disableAnimate`：下一张页面没有动画效果。
- `disableBack`：下一张页面不能返回。
- `historyRoot`：下一张页面为历史记录栈的根页面。

将 `PageOneCtrl` 更新为：

```
.controller('PageOneCtrl', function($scope, $ionicNavBarDelegate,$ionic
History) {

    $ionicNavBarDelegate.title('Page 1');

    console.log('currentView', $ionicHistory.currentView());
    console.log('currentHistoryId', $ionicHistory.currentHistoryId());
    console.log('currentTitle', $ionicHistory.currentTitle());
    console.log('backView', $ionicHistory.backView());
    console.log('backTitle', $ionicHistory.backTitle());
    console.log('forwardView', $ionicHistory.forwardView());
    console.log('currentStateName', $ionicHistory.currentStateName());

    $ionicHistory.nextViewOptions({
        disableAnimate: true,
        disableBack: true,
        historyRoot: true
    });
})
```

当我们切换到页面 2 时，history 的值如图 5.16 所示。

在切换到页面 2 的过程中会发现，没有任何滑动的动画效果，而且这里的 `backView` 为 null，views 里也就一张页面，即页面 2。

我们可以用这个方式，去控制 App 开发中的历史状态。

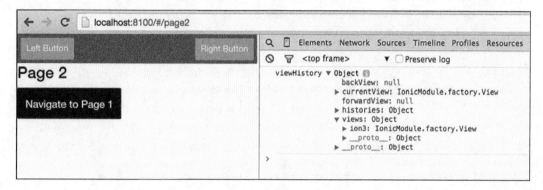

图 5.16

5.3.13 选项卡和侧边栏菜单

为了更好地理解导航部分，我们会继续了解选项卡和侧边栏菜单两个指令。

为了学习选项卡指令，我们先来搭建 tabs 模板的项目：

`ionic start -a "Example 19" -i app.example.nineteen example19 tabs`

进入 example 19 文件夹，并运行：

`ionic serve`

如果你打开文件 www/index.html，你会发现在 ion-nav-bar 中包含着 ion-nav-back-button。

接着，打开 www/js/app.js，会发现有如下路由：

```
.state('tab.dash', {
   url: '/dash',
   views: {
     'tab-dash': {
       templateUrl: 'templates/tab-dash.html',
       controller: 'DashCtrl'
     }
   }
})
```

注意到 views 对象中的 tab-dash，当 ion-tab 被点击后，该 tab 包含的 ion-nav-view 会加载 views 对象中名为 tab-dash 的模板。

打开 www/templates/tabs.html，其比之前的例子多了如下代码：

```html
<ion-tabs class="tabs-icon-top tabs-color-active-positive">

  <!-- Dashboard Tab -->
  <ion-tab title="Status" icon-off="ion-ios-pulse" icon-on="ion-ios-pulse-strong" href="#/tab/dash">
    <ion-nav-view name="tab-dash"></ion-nav-view>
  </ion-tab>

  <!-- Chats Tab -->
  <ion-tab title="Chats" icon-off="ion-ios-chatboxes-outline" icon-on="ion-ios-chatboxes" href="#/tab/chats">
    <ion-nav-view name="tab-chats"></ion-nav-view>
  </ion-tab>

  <!-- Account Tab -->
  <ion-tab title="Account" icon-off="ion-ios-gear-outline" icon-on="ion-ios-gear" href="#/tab/account">
    <ion-nav-view name="tab-account"></ion-nav-view>
  </ion-tab>

</ion-tabs>
```

由于 tab 页的状态路由没有真正的 URL 与之对应，tabs.html 会先于其包含的 tab 页加载。ion-tab 指令被定义在 ion-tabs 指令中，而且所有 ion-tab 都包含着 ion-nav-view 指令，当一个 tab 被选中时，ion-nav-view 的 name 属性值对应的 view 就会被加载到当前 tab。

> **提示：**
> 你可以通过 http://ionicframework.com/docs/nightly/api/directive/ionTabs/ 了解更为丰富的与 tab 相关的指令和服务。

为了解侧边栏菜单，我们建一个 sidemenu 模板的 App，运行：

`ionic start -a "Example 20" -i app.example.twenty example20 sidemenu`

进入 example20 文件夹，并运行：

`ionic serve`

www/index.html 文件的 body 只包含一个 ion-nav-view。然后打开 www/js/app.js，显然路由的设置与前面会有些不同，在 search、browser、playlists 中都有一个

menuContent，代码如下：

```
.state('app.search', {
  url: "/search",
  views: {
    'menuContent': {
      templateUrl: "templates/search.html"
    }
  }
})
```

打开 www/templates/menu.html，里面使用了 ion-side-menus 指令。它包含着 ion-side-menu-content、ion-side-menu 两个指令。ion-side-menu-content，正如其名，这个指令用来显示侧边栏菜单的内容，并包含着一个 name 属性为 menuContent 的 ion-nav-view。这也就是在路由设置中，其 view 对象都有着 menuContent 的原因。

一般习惯于将 ion-side-menu 设置为左边，当然你也可以设置为右边，甚至在两边都设置侧边栏菜单。注意 ion-nav-buttons 中的 **menu-toggle** 是用来控制侧边栏菜单的显示位置的。

如果你想在两边均设置侧边栏菜单，menu.html 的代码可以如下：

```
<ion-side-menus enable-menu-with-back-views="false">
  <ion-side-menu-content>
    <ion-nav-bar class="bar-stable">
      <ion-nav-back-button>
      </ion-nav-back-button>

      <ion-nav-buttons side="left">
        <button class="button button-icon button-clear ion-navicon" menu-toggle="left">
        </button>
      </ion-nav-buttons>
      <ion-nav-buttons side="right">
        <button class="button button-icon button-clear ion-navicon" menu-toggle="right">
        </button>
      </ion-nav-buttons>
    </ion-nav-bar>
    <ion-nav-view name="menuContent"></ion-nav-view>
  </ion-side-menu-content>
```

```html
<ion-side-menu side="left">
  <ion-header-bar class="bar-stable">
    <h1 class="title">Left</h1>
  </ion-header-bar>
  <ion-content>
    <ion-list>
      <ion-item menu-close ng-click="login()">
        Login
      </ion-item>
      <ion-item menu-close href="#/app/search">
        Search
      </ion-item>
      <ion-item menu-close href="#/app/browse">
        Browse
      </ion-item>
      <ion-item menu-close href="#/app/playlists">
        Playlists
       </ion-item>
    </ion-list>
  </ion-content>
</ion-side-menu>
<ion-side-menu side="right">
  <ion-header-bar class="bar-stable">
    <h1 class="title">Right</h1>
  </ion-header-bar>
  <ion-content>
    <ion-list>
      <ion-item menu-close ng-click="login()">
        Login
      </ion-item>
      <ion-item menu-close href="#/app/search">
        Search
      </ion-item>
      <ion-item menu-close href="#/app/browse">
        Browse
      </ion-item>
      <ion-item menu-close href="#/app/playlists">
        Playlists
      </ion-item>
    </ion-list>
  </ion-content>
</ion-side-menu>
</ion-side-menus>
```

至此,对于导航相关的指令和服务的介绍就到此结束了,接着将开始介绍 Ionic loading。

>
> 提示：
> 你可以通过http://ionicframework.com/docs/nightly/api/directive/ionTabs/了解更多与侧边栏菜单相关的指令和服务。

5.4 Ionic loading 的服务

我们先来了解$ionicLoading 这个服务。当我们需要让用户等待后台完成一些工作时，这个服务非常有用。

我们为了测试这个功能，依旧建立一个空模板的App：

```
ionic start -a "Example 21" -i app.example.twentyone example21 blank
```

进入 example 21 文件夹并运行：

```
ionic serve
```

我们建一个包含着 show 方法和 hide 方法的 controller，打开 www/js/app.js 并添加如下代码：

```
.controller('AppCtrl', function($scope, $ionicLoading, $timeout) {

    $scope.showLoadingOverlay = function() {
        $ionicLoading.show({
            template: 'Loading...'
        });
    };
    $scope.hideLoadingOverlay = function() {
        $ionicLoading.hide();
    };

    $scope.toggleOverlay = function() {
        $scope.showLoadingOverlay();

        //等3秒后隐藏
        $timeout(function() {
            $scope.hideLoadingOverlay();
        }, 3000);
    };

})
```

我们建立了一个 showLoadingOverlay 方法来调用$ionicLoading.show()方法，再建立一个 hideLoadingOverlay()方法来调用$ionicLoading.hide()。我们还建立了一个 toggleOverlay()方法，它将调用 showLoadingOverlay()并在3秒后调用 hideLoadingOverlay()。

我们更新 www/index.html 的主体部分，如下所示。

```
<body ng-app="starter" ng-controller="AppCtrl">
    <ion-header-bar class="bar-stable">
        <h1 class="title">$ionicLoading service</h1>
    </ion-header-bar>
    <ion-content class="padding">
        <button class="button button-dark" ng-click="toggleOverlay()">
            Toggle Overlay
        </button>
    </ion-content>
</body>
```

我们设置一个调用 toggleOverlay 方法的按钮。当按下这个按钮就会看到如图 5.17 所示的页面。

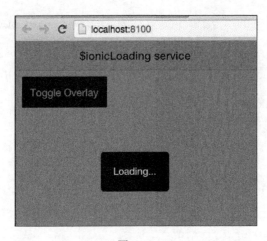

图 5.17

要知道调用$ionicLoading.hide 才会隐藏这个遮罩层，你可以把上述逻辑抽象到一个服务中，然后在你的 App 中使用。

```
.service('Loading', function($ionicLoading, $timeout) {
    this.show = function() {
        $ionicLoading.show({
```

```
            template: 'Loading...'
        });
    };
    this.hide = function() {
        $ionicLoading.hide();
    };

    this.toggle= function() {
        var self = this;
        self.show();

        //等3秒后隐藏
        $timeout(function() {
            self.hide();
        }, 3000);
    };

})
```

在你的 app 中可以注入这个 Loading 服务，并可以调用 Loading.show()、Loading.hide()或者 Loading.toggle()。如果你不需要使用文字，则可以直接调用 $ionicLoading.show，不加任何属性：

```
$scope.showLoadingOverlay = function() {
        $ionicLoading.show();
};
```

你会看到如图 5.18 所示的页面。

>
> **提示：**
> 关于$ionicLoading，如果想知道更多，请访问 http://ionic framework.com/docs/nightly/api/service/$ionicLoading/。当然，也可以使用 $ionic Backdrop 做出遮罩的背景，没有加载任何的图标或文字，可以访问 http://ionicframe work.com/docs/nightly/api/service/$ionicBackdrop/。你也可以了解下$ionic Modal, http://ionic framework.com/docs/api/service/$ionic Modal/，它有些类似于$ionicLoading。

图 5.18

5.4.1 Action Sheet

Action Sheet 是一个从下往上的菜单栏。通常 Action Sheet 服务用在列表项，显示其上下文相关的操作属性。更为常用的是当用户长按列表或表格中的项时，Action Sheet 的显示。

为了更好了解，我们新建一个空模板的 App：

`ionic start -a "Example 22" -i app.example.twentytwo example22 blank`

进入 example22 文件夹并运行：

`ionic serve`

打开 www/js/app.js，添加一个名为 AppCtrl 的 controller：

```
.controller('AppCtrl', function($scope, $ionicActionSheet,$timeout) {

    $scope.showOptions = function() {
        var hideSheet = $ionicActionSheet.show({
            buttons: [{
```

```
            text: 'Open'
        }, {
            text: 'Get Link'
        }],
        destructiveText: 'Delete',
        titleText: 'Options'
    });

    // 3秒后隐藏 action sheet
    $timeout(function() {
        hideSheet();
    }, 3000);
};

})
```

$ionicActionSheet.show 方法的返回的是一个可以隐藏 Action Sheet 的方法。该 show 有如下参数。

- buttons：按钮或选项列表。
- destructiveText：高亮特殊操作按钮或选项，比如比较危险的操作。
- titleText：Action Sheet 的标题。

然后，我们更新 www/index.html 的 body 的代码如下：

```
<body ng-app="starter" ng-controller="AppCtrl">
    <ion-pane>
        <ion-header-bar class="bar-stable">
            <h1 class="title">Action Sheet Example</h1>
        </ion-header-bar>
        <ion-content class="padding">
            <button class="button button-block button-dark" ng-click="showOptions()">
                Show Options
            </button>
        </ion-content>
    </ion-pane>
</body>
```

保存文件后，我们回到浏览器，将看到 Show Options 按钮，点击 Show Options 后将看到如图 5.19 所示的页面。

图 5.19

就如我们设置的那样，3 秒后，action sheet 会自动关闭。

>
> 提示：
> 我们会在第 8 章使用 Action Sheet 组件，包含如何实现 button 的点击时事件等。
> 你可以从 http://ionicframework.com/docs/nightly/api/service/$ionicActionSheet/ 了解更多。

5.4.2　Popover 和 Popup

在 App 开发中，我们经常使用弹出框来处理选中的项目或者显示更多上下文信息。

我们依旧建立一个空模板的 App：

`ionic start -a "Example 23" -i app.example.twentythree example23 blank`

进入 example 23 文件夹并运行：

`ionic serve`

我们在 www/js/app.js 中添加一个名为 AppCtrl 的 controller。

```
.controller('AppCtrl', function($scope, $ionicPopover) {

    //初始化 popover
    $ionicPopover.fromTemplateUrl('button-options.html', {
        scope: $scope
    }).then(function(popover) {
        $scope.popover = popover;
    });

    $scope.openPopover = function($event, type) {
        $scope.type = type;
        $scope.popover.show($event);
    };

    $scope.closePopover = function() {
        $scope.popover.hide();
         // 当跳转至其他页面时，请确保调用如下方法
         // $scope.popover.remove();
    };

});
```

我们调用 `$ionicPopover` 服务并设置弹出框的模板为 `button-options.html`，并把当前 controller 的 scope 设置为弹出框的 scope。我们创建了显示和隐藏弹出框的两个方法，其中 openPopover 接受两个参数，一个为弹出框弹出后的回调方法，还有一个 type 我们稍后介绍。

我们更新 www/index.html 其 body 部分代码：

```
<body ng-app="starter" ng-controller="AppCtrl">
    <ion-header-bar class="bar-positive">
        <h1 class="title">Popover Service</h1>
    </ion-header-bar>
    <ion-content class="padding">
        <button class="button button-block button-dark" ng-click="openPopover($event, 'dark')">
            Dark Button
        </button>
        <button class="button button-block button-assertive" ng-click="openPopover($event, 'assertive')">
            Assertive Button
        </button>
        <button class="button button-block button-calm" ng-click="
```

```html
            openPopover($event, 'calm')">
                Calm Button
            </button>
        </ion-content>
        <script id="button-options.html" type="text/ng-template">
            <ion-popover-view>
                <ion-header-bar>
                    <h1 class="title">{{type}} options</h1>
                </ion-header-bar>
                <ion-content>
                    <div class="list">
                        <a href="#" class="item item-icon-left">
                            <i class="icon ion-ionic"></i> Option One
                        </a>
                        <a href="#" class="item item-icon-left">
                            <i class="icon ion-help-buoy"></i> Option Two
                        </a>
                        <a href="#" class="item item-icon-left">
                            <i class="icon ion-hammer"></i> Option Three
                        </a>
                        <a href="#" class="item item-icon-left" ng-click="closePopover()">
                            <i class="icon ion-close"></i> Close
                        </a>
                    </div>
                </ion-content>
            </ion-popover-view>
        </script>
    </body>
```

在 ion-content 中，我们创建了 3 个有着不同背景色的按钮（dark、assertive 和 calm）。当点击按钮后，将其按钮名显示在弹出框的标题上。

> **提示：**
> 注意在上述代码的 script 标签中，我们定义的 html 模板都是被包含在 ion-popover-view 指令下。我们必须这么做，才能正常地使用。

在上面的例子中，点击不同按钮时，我们仅仅改变了弹出框的标题，其内容还是一样的。当点击非弹出框的其他区域时,弹出框会关闭,如图 5.20 所示。

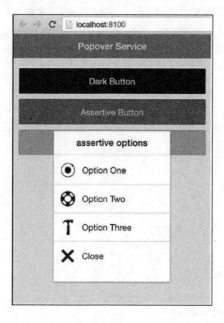

图 5.20

提示:
当你不再使用弹出框后,一定要调用
`$scope.popover.remove();`
可以阅读 http://ionicframework.com/docs/api/controller/ ionicPopover/,获得更多。

5.4.3 $ionicPopup

接下来我们介绍 `$ionicPopup` 服务。这个服务可以显示一个弹出窗,让用户响应以进行下一步。

你可以将 `$ionicPopup` 看作一个有样式的 JavaScript 原生的 `alert`、`prompt`、`confirm` 方法,先建立一个空模板项目:

```
ionic start -a "Example 24" -i app.example.twentyfour example24 blank
```

进入 `example 24` 文件夹并运行下述命令:

```
ionic serve
```

我们会实现 app 样式的 show、confirm 和 alert 方法。

我们会实现一个 show 方法用以显示一个输入密码的弹出框。当用户输入正确的信息时，我们才会让用户看到下一个弹层，这部分存在一个确认框和一个警告框。

如果用户取消输入密码，则会让他看到另一个区域以让用户重新输入。

这个例子结合了 AngularJS 和 Ionic。

我们在 www/js/app.js 添加一个 AppCtrl 的 controller：

```
.controller('AppCtrl', function($scope, $ionicPopup) {

    $scope.data = {};
    $scope.state = {};
    $scope.error = {};

    $scope.prompt = function() {
        // 重置 app 的状态
        $scope.state.cancel = false;
        $scope.state.success = false;

        // 重置错误信息
        $scope.error.empty = false;
        $scope.error.invalid = false;

        var prompt = $ionicPopup.show({
            templateUrl: 'pin-template.html',
            title: 'Enter Pin to continue',
            scope: $scope,
            buttons: [{
                text: 'Cancel',
                onTap: function(e) {
                    $scope.state.cancel = true;
                }
            }, {
                text: '<b>Login</b>',
                type: 'button-assertive',
                onTap: function(e) {
                    $scope.error.empty = false;
                    $scope.error.invalid = false;
                    if (!$scope.data.pin) {
```

```
                    //当用户输入一个无效的密码，使close按钮无效
                    $scope.error.empty = true;
                    e.preventDefault();
                } else {
                    if ($scope.data.pin === '1234') {
                        $scope.state.success = true;
                        return $scope.data.pin;
                    } else {
                        $scope.error.invalid = true;
                        e.preventDefault();
                    }
                }
            }
          }
        ]
    });
};

$scope.confirm = function() {
    var confirm = $ionicPopup.confirm({
        title: 'Confirm Popup Heading',
        template: 'Are you sure you want to do that?'
    });
    confirm.then(function(res) {
        if (res) {
            console.log('Yes!');
        } else {
            console.log('Nooooo!!');
        }
    });
};
$scope.alert = function() {
    var alert = $ionicPopup.alert({
        title: 'You are secured!',
        template: 'You are inside a secure area!'
    });
    alert.then(function(res) {
        console.log('Yeah!! I know!!');
    });
};
```

```
        //当controller初始化时,调用prompt
        $scope.prompt();
    })
```

我们在 scope 下创建了 3 个对象：`data`、`state`、`error`，这 3 个对象分别用来存数据、记录状态和记录错误。

我们先看 prompt 方法，它以传入的模板作为参数，生成了`$ionicPopup`，而且我们在 Login 和 Cancel 按钮上都定义了 `tap` 事件的处理方法。当用户按下 Cancel 后,`$scope.state.cancel` 会被置为 `true`，我们用这个值来控制 html 的显示。

当用户按 Login 按钮，我们会验证密码是否存在，如果不存在，则会设置`$scope.error.empty` 为 `true`，并根据这个值来显示提示信息，如果用户输入的密码为 1234，则设置`$scope.state.success` 为 `true`，显示另一个界面，其包含着 Confirm 和 Alert 按钮。

scope 的 `confirm` 和 `alert` 分别调用了`$ionicPopup.confirm` 和`$ionicPopup.alert`。这些方法均返回一个 `promise` 对象，当用户按下任意按钮会执行相应的回调函数。

当 controller 启动时，我们便执行了 prompt 方法，www/index.html 文件中的 body 代码更新如下：

```html
<body ng-app="starter" ng-controller="AppCtrl">
    <ion-pane ng-cloak>
        <ion-header-bar class="bar-positive">
            <h1 class="title">Super Secure App</h1>
        </ion-header-bar>
        <ion-content class="padding">
            <div class="card" ng-show="state.cancel">
                <div class="item item-divider">
                    Oops!! you cancelled!
                </div>
                <div class="item item-text-wrap">
                    To see the secure content enter pin
                    <button class="button button-assertive button-block" ng-click="prompt()">
                        Try Again!
                    </button>
                </div>
            </div>
```

```html
            <div class="card" ng-show="state.success">
                <div class="item item-divider">
                    You are viewing secure content!
                </div>
                <div class="item item-text-wrap">
                    <button class="button button-positive button-block" ng-click="confirm()">
                        Show Confirm Dialog
                    </button>

                    <button class="button button-positive button-block" ng-click="alert()">
                        Show Alert Dialog
                    </button>
                </div>
            </div>
        </ion-content>
    </ion-pane>
    <script type="text/ng-template" id="pin-template.html">
        <input type="password" ng-model="data.pin">
        <label ng-show="error.empty" class="assertive text-center block padding"> Please enter a valid Pin </label>
        <label ng-show="error.invalid" class="assertive text-center block padding"> Invalid Pin, Try Again! </label>
    </script>
</body>
```

我们新建了两个 card 视图, 一个在变量 `$scope.state.cancel` 为 true 时显示, 另一个则在变量 `$scope.state.success` 为 true 时显示。在 `</body>` 标签的上方, 我们定义了 `pin-template.html` 模板。

注意到我们在 ion-pane 添加了 ng-cloak 标签, 其目的是在 AngularJS 处理完成后, 才根据条件显示 ion-pane 的 html。

提示:
关于 ng-cloak, 你可以访问 https://docs.AngularJS.org/api/ng/directive/ngCloak 了解更多。

运行页面, 界面如图 5.21 所示。

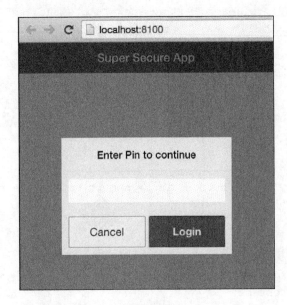

图 5.21

如果没有输入任何字符,按 Login 后,界面如图 5.22 所示。

图 5.22

输入一个错误的密码,界面如图 5.23 所示。

5.4 Ionic loading 的服务 157

图 5.23

当按下隐藏这个 popup 的按钮后，你会看到如图 5.24 所示的界面，提示你重试一次：

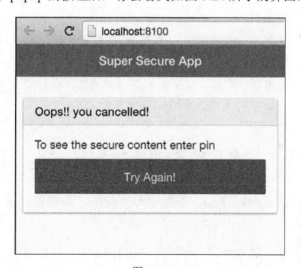

图 5.24

当密码输入正确后，会出现 Confirm 和 Alert 按钮。分别按下这两个按钮，界面如图 5.25 所示。

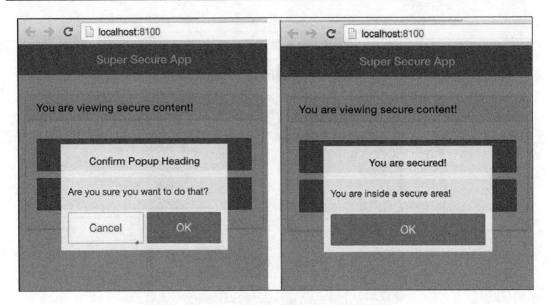

图 5.25

这个例子不仅展现了 $ionicPopup 服务，也让我们熟悉了如何去更好地构建我们的程序。

提示：
这个例子仅仅只有一个页面，当然你也可以把同样的逻辑运用在多个页面的程序上，比如页面 2 显示输入错误的内容，页面 3 显示输入正确的内容，我们可以根据用户的输入来决定加载哪个页面。

5.5　ion-list 和 ion-item 指令

我们已经了解过大部分的 Ionic 的指令和服务了，那么现在来看下 ion-list 和 ion-item 这两个指令。

列表是在移动 App 中最常用的显示方式。在 Ionic 中，我们可以用 CSS 来构建列表，就像我们在第 3 章提到的，也可以用指令。

利用指令来构建列表，我们可以更好地利用一些额外的属性，比如 ion-delete-button、ion-reorder-button 和 ion-option-button，使列表的功能更加丰富。

我们依旧建立一个 blank 模板的 app,并运行:

`ionic start -a "Example 25" -i app.example.twentyfive example25 blank`

进入 example 25 文件夹,并运行:

`ionic serve`

这个例子,我们会结合之前我们介绍过的指令。

提示:
接下去的例子可以从 http://codepen.io/ionic/ pen/JsHjf 获得。

首先,我们建立一个 factory,用它来构建列表所需要的随机数据。这个 factory 有点类似于 example 17,除了最后返回的数据格式有些不同:

```
.factory('DataFactory', function($timeout, $q) {

    var API = {
        getData: function(count) {
            //用 promise 模拟
            var deferred = $q.defer();

            var data = [],
                _o = {};
            count = count || 20;

            for (var i = 0; i < count; i++) {
                _o = {
                    // http://stackoverflow.com/a/8084248/1015046
                    id: i + 1,
                    title: (Math.random()+1).toString(36).substring(7)
                };
                data.push(_o);
            };

            $timeout(function() {
                //模拟成功获取 response
                deferred.resolve(data);
            }, 1000);
```

```
            return deferred.promise;
        }
    };

    return API;
}) 
```

列表的每一项有两个属性：id、title。

接着我们在 www/js/app.js 创建一个名为 AppCtrl 的 controller。这个 controller 将会从 factory 中获取数据，并构建列表。我们还为 Edit、Delete 和 Option 按钮定义了各自的方法：

```
.controller('AppCtrl', function($scope, DataFactory) {

    $scope.items = [];

    $scope.data = {
        showDelete: false
    };
    $scope.edit = function(item) {
        alert('Edit Item: ' + item.id);
    };

    $scope.share = function(item) {
        alert('Share Item: ' + item.id);
    };

    $scope.moveItem = function(item, fromIndex, toIndex) {
        $scope.items.splice(fromIndex, 1);
        $scope.items.splice(toIndex, 0, item);
    };

    $scope.onItemDelete = function(item) {
        $scope.items.splice($scope.items.indexOf(item), 1);
    };

    //在页面加载时获取数据
    DataFactory.getData().then(function(data) {
        $scope.items = data;
    });

})
```

我们更新了 www/index.html 的 body 部分：

```
<body ng-app="starter" ng-controller="AppCtrl">
    <!-- http://codepen.io/ionic/pen/JsHjf -->
    <ion-header-bar class="bar-positive">
        <div class="buttons">
            <button class="button button-icon icon ion-ios-minus-outline"
 ng-click="data.showDelete = !data.showDelete;data.showReorder = false">
</button>

        </div>
        <h1 class="title">Ionic Lists</h1>
        <div class="buttons">
            <button class="button" ng-click="data.showDelete =false;
 data.showReorder = !data.showReorder">
                Reorder
            </button>
        </div>
    </ion-header-bar>
    <ion-content>
        <ion-list show-delete="data.showDelete" show-reorder="data.show
Reorder">
            <ion-item ng-repeat="item in items" item="item" class="item-
remove-animate">
                {{ item.id }}. {{ item.title }}
                <ion-delete-button class="ion-minus-circled" ng-click="
onItemDelete(item)">
                </ion-delete-button>
                <ion-option-button class="button-assertive" ng-click="
edit(item)">
                    Edit
                </ion-option-button>
                <ion-option-button class="button-calm" ng-click="share
(item)">
                    Share
                </ion-option-button>
                <ion-reorder-button class="ion-navicon"on-reorder="
moveItem(item, $fromIndex, $toIndex)"></ion-reorder-button>
            </ion-item>
        </ion-list>
    </ion-content>
</body>
```

在 hearder 上有两个按钮用来开启删除图标或重新排序图标。在 `ion-list` 的指令中分别有 `show-delete` 和 `show-reorder` 两属性来控制是否显示删除或排序的图标。

我们在每个 `ion-item` 中添加了 `ion-delete-button`，在点击后会调用 onItem Delete 方法。`ion-item` 中也添加了 `ion-option-button`，向左滑动后会显示 Share 或

Edit 按钮。最后我们添加了 `ion-reorder-button`，当拖动列表项，重新排序后，会触发 `moveItem` 方法。

保存文件并运行，如图 5.26 所示。

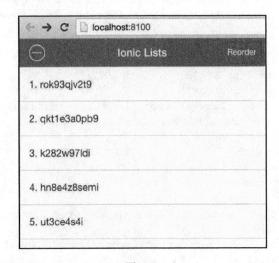

图 5.26

如果按下 header 的删除按钮，将看到如图 5.27 所示的界面。

图 5.27

你可以通过按下 item 左边的图标来删除该项。如果按下 hearder 的 Reorder 按钮，将看到如图 5.28 所示的界面。

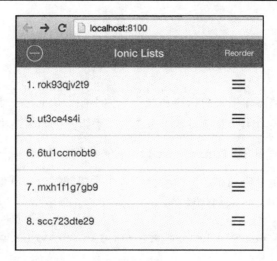

图 5.28

拖动列表项到你想要的位置，即可以重新排序。你也可以关闭 reorder 模式，并在列表项上向左滑动，调出菜单，如图 5.29 所示。

图 5.29

提示：
重新排序和 collection-repeat 并不能很好地兼容。详情可以阅读 https://github.com/driftyco/ionic/issues/1714。
你也可以从 http://ionicframework.com/docs/api/directive/ionList/ 了解更多。

5.6 手势的指令和服务

下面开始介绍手势操作相关的指令和服务。你不能否认的是，手势操作已经成为用户和程序交互的一种方式，比如手指展开即为放大，手指并拢即为缩小。

Ionic 提供了手势操作的 `$ionicGesture` 的服务和指令。

为了更简单地说明手势操作，下面会介绍一个手势的指令，其他的手势操作逻辑也可以以此类推。我们建立一个 blank 模板的 app，运行如下命令：

```
ionic start -a "Example 26" -i app.example.twentysix example26 blank
```

进入 example26 目录并运行：

```
ionic serve
```

首先我们先在 www/js/app.js 建立一个名为 AppCtrl 的 controller，用来试验向上拖动的手势：

```
.controller('AppCtrl', function($scope, $ionicGesture) {

    $scope.scopeGesture = 'None';
    $scope.delegateGesture = 'None';

    $scope.onDragUp = function() {
        $scope.scopeGesture = 'Drag up fired!'
    };

    // 在注册事件的函数中，需要传入委托
    // 以下逻辑应该是被写入指令中，这里为方便举例，所以将其写在 controller 中
    var $element = angular.element(document.querySelector('#gestureContainer'));
    $ionicGesture.on('dragup', function() {
        $scope.delegateGesture = 'Drag up fired!';
    }, $element);
})
```

如前面所提到的，手势操作可以有两种监听方式，一个是使用可以在 HTML 上看到的

指令（稍后会提到），另一个是使用 `$ionicGesture.on` 方法。

通常情况下，和 DOM 相关的操作都会被写入自定义的指令。但在这里的例子中，我们把和 DOM 相关的操作一起写入了其 controller，我们用 `document.querySelector` 去获取 DOM，并将它作为参数传入 angular.element 方法，得到 AngularJS 自己的元素对象，并将该对象传入 `$ionicGesture.on` 方法。

更新 www/index.html 的 body 部分，代码如下：

```
<body ng-app="starter" ng-controller="AppCtrl">
    <ion-header-bar class="bar-dark">
        <h1 class="title">Gestures</h1>
    </ion-header-bar>
    <ion-content>
        <div class="card">
            <div id="gestureContainer" class="item text-center" on-drag-up="onDragUp()">
                Drag me up!!
            </div>
        </div>
        <div class="card">
            <div class="item text-center">
                Scope Gesture : {{scopeGesture}}
                <br>
                Delegate Gesture : {{delegateGesture}}
            </div>
        </div>
    </ion-content>
</body>
```

我们建立了两个 card 视图，第一个包含着一个 id 为 gestureContainer 的 div，而且设置其属性 on-drag-up 为 onDragUp 方法。

第二个则是显示 scopeGesture 和 delegateGesture 的值。当 `$ionicGesture.on` 注册的函数被执行时，delegateGesture 的值才发生改变。

当你保存文件后，会看到两个 card 视图。当你将第一个 card 视图向上拖动后，第二个 card 视图中的内容会被更新，如图 5.30 所示。

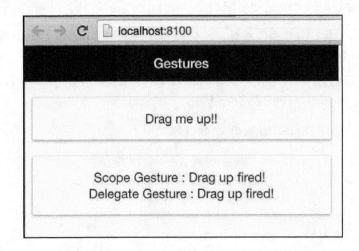

图 5.30

通过如上的简单例子,我们知道了如何利用指令或$ionicGesture去控制手势的操作。我们也可以用如同上述的方式去控制表 5.1 中的手势。

表 5.1

手势	对应的指令	在$ionicGesture.on()中的事件名
向上拖动	on-drag-up	dragup
向下拖动	on-drag-down	dragdown
向右拖动	on-drag-right	dragright
向左拖动	on-drag-left	dragleft
拖动	on-drag	drag
向上滑动	on-swipe-up	swipeup
向下滑动	on-swipe-down	swipedown
向右滑动	on-swipe-right	swiperight
向左滑动	on-swipe-left	swipeleft
滑动	on-swipe	Swipe
按住(接触时间> 500ms)	on-hold	hold
轻拍(接触时间< 250ms)	on-tap	tap

续表

手势	对应的指令	在$ionicGesture.on()中的事件名
轻拍两下	on-double-tap	doubletap
接触	on-touch	touch
松开	on-release	release

提示：

你也可以用 EventController 来控制手势操作，详情请阅读 http://ionicframework.com/docs/api/utility/ionic.EventController/#onGesture。默认情况下，Ionic 删除了浏览器添加的 300 毫秒延迟。浏览器在第一次接触时增加了 300 毫秒的延迟，来区分 tap 和 double-tap。如果你想在任何元素上重新启用 300 毫秒的延迟，可以使用 data-tap-disabled attribute 属性，详情可以阅读 http://ionicframework.com/docs/api/page/tap/。

5.6.1　工具类的服务

最后我们看一下 Ionic 提供的工具类的服务，首先看一下 $ionicConfigProvider。

默认情况下，Ionic 插件的配置是根据其运行环境决定的。有些属性，例如滑动效果是依赖于环境的，在写这本书时，Ioinc 官方只支持 Android 和 iOS 系统，当然也可能用在其他环境中。

如果既不是 iOS 也不是 Android，那么默认使用 iOS 环境的配置。

当然我们也可以通过 $ionicConfigProvider 这个服务来调整配置，代码如下：

```
.config(function ($ionicConfigProvider) {

    $ionicConfigProvider.views.transition('none');
    $ionicConfigProvider.views.maxCache(10);

    $ionicConfigProvider.form.checkbox('circle'); //square or circle

    $ionicConfigProvider.tabs.style('striped'); // striped or standard
```

```
    $ionicConfigProvider.templates.maxPrefetch(10);

    $ionicConfigProvider.navBar.alignTitle('right');
})
```

当然,也可以通过$ionicConfigProvider 来自定义当前环境的配置:

```
.config(function($ionicConfigProvider) {

    //控制ionic checkbox 的样式,android 默认为方形,同时iOS 为圆形
    $ionicConfigProvider.platform.ios.form.checkbox('square');
    $ionicConfigProvider.platform.android.form.checkbox('circle');
})
```

提示:
你可以在 http://ionicframework.com/docs/api/provider/$ionicConfigProvider/ 找到更多的属性。

ionic.Platform 提供一系列方法,可以用来判断当前的运行环境:

```
.config(function() {
    console.log('ionic.Platform.isWebView()', ionic.Platform.isWebView());
    console.log('ionic.Platform.isIPad()', ionic.Platform.isIPad());
    console.log('ionic.Platform.isIOS()', ionic.Platform.isIOS());
    console.log('ionic.Platform.isAndroid()', ionic.Platform.isAndroid());
    console.log('ionic.Platform.isWindowsPhone()', ionic.Platform.isWindowsPhone());
})
```

提示:
你可以在 http://ionicframework.com/docs/api/utility/ionic.Platform/ 找到更多方法。

ionic.DomUtil 提供了一系列方法用来操作 DOM,如下列举了一部分方法:

```
.controller('AppCtrl', function($scope) {
    var $element = angular.element(document.querySelector('#someElement'));
```

```
    console.log(ionic.DomUtil.getParentWithClass($element,'.card'));
    console.log(ionic.DomUtil.getParentOrSelfWithClass($element,'.card'));

    // requestAnimationFrame 例子
    function loop() {
        console.log('Animation Frame Requested');
        ionic.DomUtil.requestAnimationFrame(loop);
    }

    loop();
}))
```

> **提示：**
> 你可以在 http://ionicframework.com/docs/api/utility/ionic.DomUtil/ 找到更多方法。

最后我们看下 `ionic.EventController`，它可以用来将回调方法绑定到事件，或者是从事件中解绑，当然它也可以用来触发事件。

以下是利用 `ionic.EventController` 进行事件的绑定、解绑、触发的简单例子，这样的逻辑经常会被用在指令的实现和其对应的 DOM 元素上：

```
.controller('AppCtrl', ['$scope', function($scope) {

    //绑定事件
    var $body = document.querySelector('body');

    var eventListener = function() {
        console.log('Body Tapped!');

        ionic.EventController.off('tap', eventListener, $body);
    };

    ionic.EventController.on('tap', eventListener, $body);

    ionic.EventController.trigger('tap', {
        target: $body
    });


    //绑定手势
    var cancelSwipeUp;
    var gestureListener = function() {
```

```
                console.log('Body Swiped Up!');

                ionic.EventController.offGesture(cancelSwipeUp, 'swipeup',
gestureListener);
            }

            cancelSwipeUp = ionic.EventController.onGesture('swipeup',gesture
Listener,$body);

            ionic.EventController.trigger('swipeup', {
                target: $body
            });

        }])
```

5.7 总结

在本章中，我们介绍了各种可以帮助快速开发的指令和服务。我们从 Ionic 的 Platform 服务开始，介绍了 Header 和 Footer 指令，然后介绍了内容相关和导航相关的指令和服务，还介绍了遮罩层相关的指令和服务，最后我们简单地介绍了列表相关的指令、手势操作和工具类的服务。

通过以上的介绍，我们已经领略了 Ionic，所以在下一章，我们会利用所学的知识，创建一个典型但略微复杂的应用。

在下一章，我们会建立一个书店的应用程序，包括用户注册、登录功能，用户可以浏览书籍的目录，并将它们添加至购物车，用户也可以进行结账，并在个人页面查看已经购买的书籍。这个应用程序将展示如何将 Ionic 和 RESTful 后台服务运用在一起。

第 6 章
构建书店 App

迄今为止，我们了解了 Ionic 的所有关键要素。在本章中，我们将使用已学的知识构建一个书店应用程序。本章的主要目的是强化读者对 Ionic 的理解，同时使读者了解如何将 RESTful 服务集成到 Ionic App 中。

提示：
重要提示：我们不会解读任何与服务器端相关的代码。

我们将构建一个简单多页面的 Ionic 客户端，此客户端支持用户在未登录情况下浏览书籍。当用户添加书籍到购物车，或者查看购买历史时，我们需要用户登录。这个策略通过不强迫用户登录查看书籍内容，只有在必要时才要求用户登录的方式，极大提高了用户体验。

一旦用户登录了应用，他就可以添加书籍到购物车、查看购物车、结算和查看购买历史。REST 服务器为该应用管理所有数据，它使用 JSON Web Tokens 来保证通信安全。

在开发的过程中，我们将讨论以下主题：
- 理解端对端应用程序架构；
- 设置本地服务器，或者直接使用远程服务；
- 分析 App 需要的各种 view、controller 和 factory，同时构造这些组件；
- 测试该应用。

> **小技巧：**
> 关于本章，读者可以在 GitHub 下载代码、提出问题和咨询作者（GitHub 地址是 https://github.com/learning-ionic/Chapter-6）。

6.1 书店应用程序简介

在本章中，我们将构建一个书店应用程序。如前面所述，用户在应用中可以注册和登录。在未登录的情况下用户可以浏览书店里的所有书籍。在登录后用户可以添加书籍到购物车、查询购物车和结算。当用户完成购买后，可以在购买历史页面中看到该购买记录。

该应用的功能比较简单，我们将构建在 Node 上，同时把 REST API 服务集成到该应用中，使得该应用提升到更高的技术层次。由于我们已经在本地机器上安装好了 Node js，我们将比较方便地设置服务器。如果你不愿意在本地安装服务器，你可以在下节找到 API 的网上链接并直接使用。

有些后端功能比如结算和查看购买记录是通过 JSON Web Tokens（JWT）来保证数据安全性的。该服务通过以下方式校验安全性：当 REST 客户端（比如 Ionic App）从服务器端拉取数据时，需要在请求时带上合法的 token。

该应用的使用流程如下。

1. 用户启动 App。
2. 用户未登录情况下浏览书籍。
3. 用户添加商品到购物车或者查看购买记录。
4. 用户尝试注册或者登录。
5. 在成功注册或者登录后，服务器端将会给客户端发送 7 天有效期的 token 和用户数据。
6. 如果客户端需要执行添加商品到购物车、查看订单列表的操作，它需要向 REST 后端接口发送带有 token 的请求。如果该 token 是合法且属于该用户的，我们将返回数据。如果是非法的，我们会禁止该用户访问或者更新数据。

我们将会在下个小节介绍该应用程序的完整架构。

我会添加一些技术功能，以便更好地管理数据，比如分页和本地存储。但是没有百分之百地实现这些功能。这些内容是为了指导你怎么将这些功能集成在 Ionic App 中。

提示：

快速提示：这不是一个商业 App，但将会帮助你入门。

6.2 书店应用的架构

图 6.1 所示为构建书店应用需要的所有组建视图。

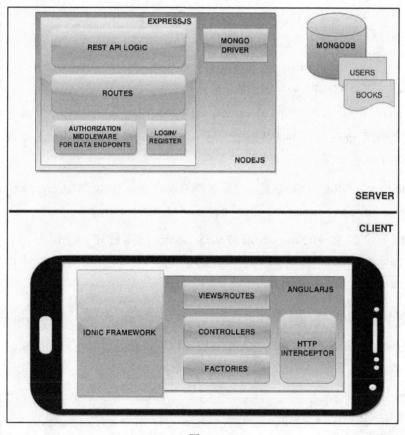

图 6.1

6.2.1 服务器端架构

该应用使用的 REST 服务器端是通过 Node.js/Express 构建的。其中 MongoDB 是持久化数据层。

> **提示：**
> 该应用使用的数据是通过 Faker 脚本生成的（https://www.npmjs.com/package/faker）。该应用中所有的数据都是构造的，这些数据只是用来适配该应用或者填充空白数据的。所有的图片和文案都是随机生成的。

由于该书籍的主旨是 Ionic，我不会介绍怎么构建服务器。

> **提示：**
> 为了更好地理解服务层、构建方法和 JWT 的运行方式，你可以关注以下博客 Architecting a Secure RESTful Node.js App: http://theJackalofjavascript.com/architecting-a-restful-node-js-app。

你可以找到一个相似的应用（我构建的 Bucket list app），它采用了两种实现方式，一种实现方式是使用 Node.js 作为服务器端，另一个是使用 firebase 作为服务器端。你可以在下面找到更多的相关信息。

- Ionic Restify MongoDB：这是一个端对端的混合 App，地址为 `http://thejackalofjavascript.com/an-end-to-end-hybrid-app/`。
- 构建一个基于 Firebase 的端对端的 Ionic 应用程序，地址为 `http://www.sitepoint.com/creating-firebase-powered-end-end-ionic-application/`。

6.2.2 服务器端 API 文档

我已经提供了书店应用的 REST API 文档，你可以查到所有后端功能点，清楚地知道每个请求需要的输入数据和每个请求可能的返回数据。

> **提示：**
> 你可以在以下链接找到接口文档：`https://ionic-book-store.herokuapp.com/`（见图 6.2）。

该文档不是很详尽，但是我们可以结合本章提供的详细信息方便地使用。

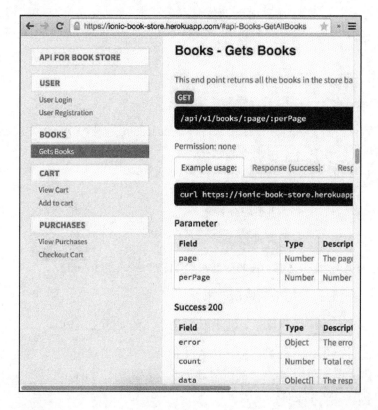

图 6.2

6.2.3 客户端架构

客户端包含以下路由：

- 主页（查看所有的书籍）；
- 登录（tab 组件）/注册（tab 组件）；
- 查看一本书的详情；
- 添加购物车；
- 查看购物车；
- 查看购买记录。

我们会创建以下 controller。

- `AppCtrl`：应用级别的 controller（控制权限）。

- `BrowseCtrl`：用于查看所有书籍。
- `BookCtrl`：用于查看书籍的详情。
- `CartCtrl`：用于查看购物车。
- `PurchasesCtrl`：用于查看购买历史。

我们将会有 4 个工厂类集合：一个用来管理 Ionic loading，一个用来管理 `localStorage`，一个用来管理权限，还有一个用来管理数据。

- `Loader`：用来管理 Ionic loading。
- `LSFactory`：用来管理本地存储。
- `AuthFactory`：用来管理权限。
- `TokenInterceptor`：用来管理每个 HTTP 请求的 token。
- `BooksFactory`：用来获取所有书籍。
- `UserFactory`：用户登录、注册和购物车，购买历史 API。

我们将通过 HTML5 `localStorage` API 把所有书籍信息缓存到本地，这样可以避免重复地获取书籍信息。在构建 App 的时候我们将介绍每一个 factory。

6.2.4　GitHub 上的代码

我已经把该示例的客户端和服务器端的代码上传到 GitHub。建议您访问该代码仓库并下载这些代码。我将会更新和修复所有读者提交的 bug。

我也非常希望您能反馈遇到的任何问题，我将尽力定位解决它们：

- Bookstore Ionic Client Repository。
- Bookstore Node.js Server Repository。

6.2.5　书店 demo

我们将使用 side menu 模板构建书店 App。构建时用到了 tabs、modals、loadings、cards、lists 和 grid system。

提示：
在开始之前，你可以先体验我们将要构建的 app：
https://ionic-book-store.herokuapp.com/app。

这个应用得花一些时间载入，一旦载入成功，你将会看到如图 6.3 所示的界面。

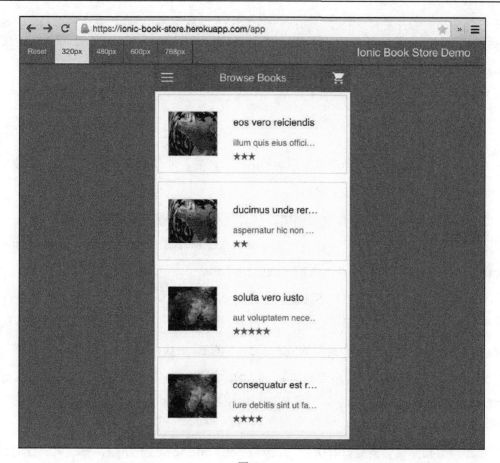

图 6.3

这是我们将要构建的应用程序的 demo。你可以点击菜单或者购物车按钮去查看相应页面。如果你尝试添加书籍或者访问购物车、购买历史，你将被要求登录或者注册。你可以创建账号并测试功能。

同时，你可以看到页面顶部的分辨率栏，通过它可以测试该应用在不同分辨率下的表现。

提示：
在该应用中看到的所有数据都是随机生成的演示数据。

6.2.6 开发流程

在本章中，我们不会严格地按照开发流程开发此应用程序（上个功能测试通过后才会进行下一个功能的开发）。相反，我们会一次性开发好整个 app，并在最后查看输出。如果你对最终结果有任何疑问，强烈建议您下载最新版本的代码：`https://ionic-book-store.herokuapp.com/app`。

6.3 设置服务器

由于设置服务器不是本书或者示例 app 的核心内容，此处提供两种方式快速设置。

1. 使用我已构建好的 REST API。
2. 下载服务器端代码，配置数据库，然后在本地运行服务。

第一种方式：你可以从下面链接下载文档。该文档介绍了 REST API 功能和调用方式（`https://ionic-book-store.herokuapp.com/`）。

第二种方式：我们将执行以下步骤。

下载并解压服务器端代码：`https://github.com/arvindr21`。如果你熟悉 Node.js，你就会明白这是一个典型的嵌入了 JWT 的 Express 应用。

对于数据库，你既可以使用本地的 mongoDB 实例，也可以获取免费的 MongoLab 账号（`https://mongolab.com/`），或者你也可以用我的 MogoLab URL。由于其他用户也会使用这个 URL，请合理使用。

要连接数据库时你需要打开文件 `server/db/connection.js`，修改第二行的连接属性，比如：

```
var db = mongojs('ionicbookstoreapp', ['users', 'books']);
```

接下来需要为书店 API 生成相应的测试数据，在 db 文件夹中打开终端并运行下面命令：

```
node dbscript.js
```

这将为我们的应用程序生成 30 本书的信息。

> **提示：**
> 如果你是使用 MongoLab URL，你不需要通过上述步骤添加书本信息。那些信息已经存在于数据库中了。

最后需要启动本地服务，使用 cd 命令切换到服务器的根目录并运行下面命令：

```
node server.js
```

该服务将占用端口 3000，你可以使用以下链接访问应用程序：`http://localhost:3000`。

提示：
当你访问 `http://localhost:3000` 时出现错误，
不必觉得奇怪。由于这个是 API 服务，所以我们没有
在主页添加 UI。

你可以打开网址 `http://localhost:3000/api/v1/books/1/10`，在浏览器上应该可以看到一串含有 10 本书信息的 JSON 数据串。这意味着你已经配置好服务器了。

如果你不习惯自己配置，可以直接使用配好的 REST 服务。我将示范给你怎么调用后端功能，这个非常容易，不管你的 REST API 部署在哪里。

6.4 构建应用程序

既然已经设置好服务器了，我们可以开始构建应用程序。为了更简单地构建 app，我们将执行下面的步骤。

1. 构建 side menu 模板应用程序。
2. 重构模板。
3. 创建权限、本地存储和 REST API Factories。
4. 为每个路由创建 controller 和相应的 Factory。
5. 创建模板并用 controller 数据渲染。

6.4.1 步骤 1：构建 side menu 模板

首先要做的是创建一个 side menu 模板。创建一个名为 `chapter6` 的文件夹。在 `chapter6` 文件夹下打开终端命令行并运行下面命令：

```
ionic start -a "Ionic Book Store" -i app.bookstore.ionic book-store sidemenu
```

这个命令将会构建 side menu 模板应用程序。在书店 app 中我们不会使用主题，所以不需要引入 SCSS。

6.4.2 步骤 2：重构模板

在我们已经创建的所有示例中，我们都是从头开始构建组件的。但是在这个示例中，我们只是重构模板。

在开始前，让我们测试下是否一切顺利。使用 cd 命令，切换到书店应用的目录，然后运行下面命令：

`ionic serve`

该后台服务将启动。如第 2 章所提到的，打开浏览器调试工具并设置在页面的右边展示。打开开发工具的 App，如图 6.4 所示。

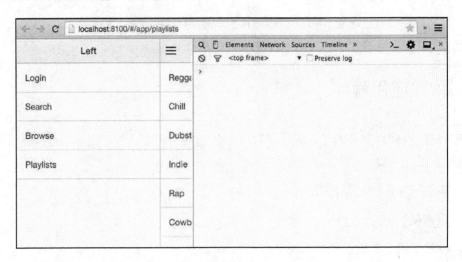

图 6.4

1. 重构菜单

我们首先重构菜单。我们用所需的菜单项替换掉模板中已存在的菜单项。

打开文件 www/templates/menu.html，更新 ion-side-menu 内容如下：

```
<ion-side-menu side="left">
        <ion-header-bar class="bar-assertive">
            <h1 class="title">Menu</h1>
        </ion-header-bar>
        <ion-content>
            <ion-list>
                <ion-item menu-close href="#/app/browse">
```

```
                    Browse Books
                </ion-item>
                <ion-item menu-close href="#/app/cart">
                    My Cart
                </ion-item>
                <ion-item menu-close href="#/app/purchases">
                    My Purchases
                </ion-item>
                <ion-item menu-close ng-show="isAuthenticated" ng-click="logout()">
                    Logout
                </ion-item>
                <ion-item menu-close ng-hide="isAuthenticated" ng-click="loginFromMenu()">
                    Login
                </ion-item>
            </ion-list>
        </ion-content>
</ion-side-menu>
```

我们增加了以下 4 个菜单项。

- **Browse books**：查看所有书籍。

- **My cart**：查看购物车。

- **My purchases**：查看订单记录。

- **Login/logout**：该菜单项将根据用户的登录状态展示登入/登出。

接着我们将更新 `menu.html` 文件的 `ion-side-menu-content`。

```
<ion-side-menu-content>
        <ion-nav-bar class="bar-assertive">
            <ion-nav-back-button>
            </ion-nav-back-button>
            <ion-nav-buttons side="left">
                <button class="button button-icon button-clearion-navicon" menu-toggle="left">
                </button>
            </ion-nav-buttons>
            <ion-nav-buttons side="right">
                <!-- <button ng-show="isAuthenticated"class="button button-icon button-clear ion-unlocked" ng-click="logout()">
                </button> -->
```

```
            <a class="button button-icon button-clear ion-android-
cart" href="#/app/cart">
            </a>
        </ion-nav-buttons>
    </ion-nav-bar>
    <ion-nav-view name="menuContent"></ion-nav-view>
</ion-side-menu-content>
```

我们已经更改了头部的主题。同时在右边增加了两个按钮。一个是已经注释的退出按钮，另一个是购物车按钮。下面代码显示了如何在应用程序 header 增加 icon。

> **提示：**
>
> 同时也要注意的是：注释的登出按钮是在符合条件的情况下才会出现的，只有当用户登录后才会显示（从上述代码取消注释后）。由于我不想在标题栏的右边显示两个按钮，我注释了登出按钮的代码。

同时把 `ion-side-Menus` 标签的 `enable-menu-with-back-views` 属性设置为 `true`。如果不这么设置，那么你在子页面会看不到侧边栏菜单图标。

保存文件并返回浏览器查看，你将看到更新的头部和菜单，如图 6.5 所示。

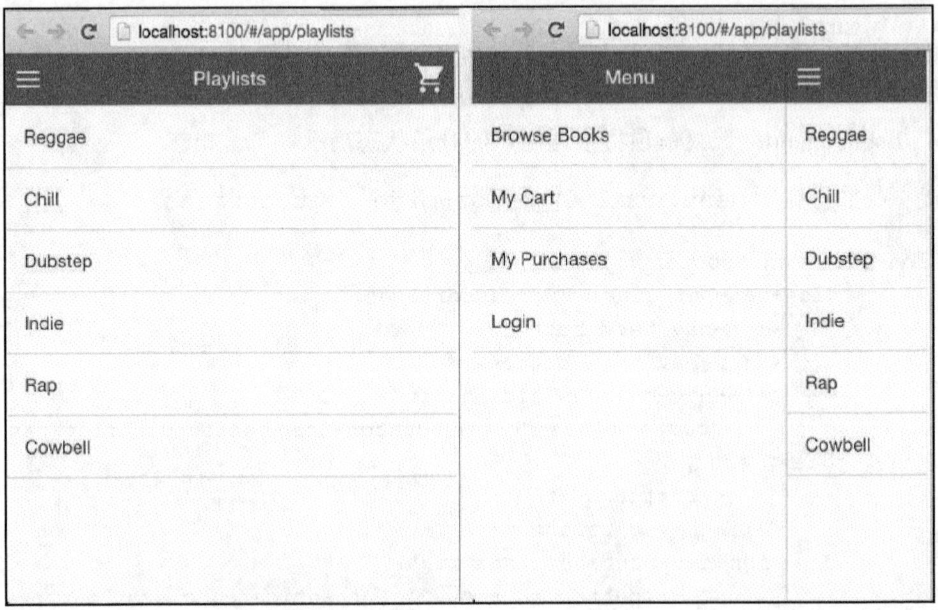

图 6.5

2. 重构模块名称

下一步我们将对 App 的模块进行重命名。Start 模板默认的模块名是 `starter`。我们将重命名为 `BookStoreApp`。有下面几个文件需要修改。

- 打开文件 www/index.html 并将 ng-app 的属性值从 starter 更改为 BookStoreApp。
- 打开文件 www/js/app.js 并用如下方式对 angular 模块进行重命名：
  `angular.module('BookStoreApp', ['ionic','BookStoreApp.controllers'])`
- 打开文件 www/js/controllers.js 并将 `starter.controllers` 更改为 `BookStoreApp.controllers`。

这样就完成了我们 App 模块的重命名。之后，我们将会把 BookStoreApp 作为 App 的命名空间。

3. 增加一个 run 方法并修改路由

现在我们将配置路由，打开文件 www/js/app.js。首先删除已经存在的配置项，然后设置一个包含了多个工具方法的 run 方法。把下面的 run 方法添加到文件 www/js/app.js 中：

```
.run(['$rootScope', 'AuthFactory',
    function($rootScope, , AuthFactory) {

        $rootScope.isAuthenticated = AuthFactory.isLoggedIn();

        // utility method to convert number to an array of elements
        $rootScope.getNumber = function(num) {
            return new Array(num);
        }

    }
])
```

提示：
你可以绑定多个 run 方法到同一个模块中。

App 是基于 `isAuthenticated` 这个变量值来展示 login/logout 按钮的。这个变量是在 run 方法里初始化的。

我们同时也有 getNumber 的工具方法。后面用到该方法时会详细地介绍。这个方法通过给定的数字生成一个固定长度的数组。

下面我们将增加路由。在 run 代码段下面增加如下的 config 代码：

```
.config(['$stateProvider', '$urlRouterProvider', '$httpProvider',
    function($stateProvider, $urlRouterProvider, $httpProvider) {

        //设置 token interceptor
        $httpProvider.interceptors.push('TokenInterceptor');

        $stateProvider

          .state('app', {
            url: "/app",
            abstract: true,
            templateUrl: "templates/menu.html",



            ontroller: 'AppCtrl'
        })

          .state('app.browse', {
            url: "/browse",
            views: {
               'menuContent': {
                  templateUrl: "templates/browse.html",
                  controller: 'BrowseCtrl'
               }
            }
        })

          .state('app.book', {
            url: "/book/:bookId",
            views: {
               'menuContent': {
                  templateUrl: "templates/book.html",
                  controller: 'BookCtrl'
               }
            }
        })
```

```
        .state('app.cart', {
            url: "/cart",
            views: {
                'menuContent': {
                    templateUrl: "templates/cart.html",
                    controller: 'CartCtrl'
                }
            }
        })


        .state('app.purchases', {
            url: "/purchases",
            views: {
                'menuContent': {
                    templateUrl: "templates/purchases.html",
                    controller: 'PurchasesCtrl'
                }
            }
        });



        //如果上面任何一个状态都不匹配,使用该路由
        $urlRouterProvider.otherwise('/app/browse');
    }
])
```

> **提示:**
> 我们已经按照需求更新了路由。同时可以发现,如果保持 Ionic 服务运行,将会在浏览器 JavaScript 控制台看到缺少依赖的报错。只有当我们完成所有代码后,才能让 App 正常运行。你可以先结束后台服务。

首先要在配置中增加 `TokenInterceptor`。后面在处理权限 factory 时我们会实现 `TokenInterceptor`。讲述 `TokenInterceptor` 的时候我会具体提到。

增加的路由如下。

- `/app`:管理程序主页面的抽象路由。

- `/browse`:罗列所有书籍的 App 首页。

- `/book/:bookId`：浏览书籍的详情。
- `/cart`：查看购物车里的书籍。
- `/purchases`：查看用户历史订单。
- `login/register` 用户界面是一个弹层，而不是一个路由页面。

4．重构模板

我们可以在模板原有基础上进行重构，或者简单起见，先删除 www/templates 文件夹下所有的模板，只留下 menu.html，然后增加空的 HTML 文件。

除了 menu.html 外，我们删除其他所有模板文件，然后新建下列模板文件：

- `browse.html`
- `book.html`
- `cart.html`
- `purchases.html`
- `login.html`

这些模板你可以先放着。我们会在最后完善这些模板。

6.4.3 步骤3：构建 authentication、localStorage 和 REST API factory

在文件夹 www/js 里面，创建一个名为 `factory.js` 的文件。在 www/index.html 文件中加入如下引用，该引用放在 controller.js 后面：

```html
<script src="js/factory.js"></script>
```

这个文件包含了所有 factory。当然，你可以为每个功能创建一个 factory 文件。但在我们的例子中，我们将所有 factory 放在同一个文件中。

该文件中的第一行是 REST API 的基础 URL。你可以使用本地服务，或者使用在 Heroku 上的 REST API。

把下列加入到文件 www/js/factory.js 中：

```js
//var base = 'http://localhost:3000';
var base = 'https://ionic-book-store.herokuapp.com';
```

你可以取消注释使之生效。

接下来我们将新建一个名为 BookStoreApp.factory 的模块，此模块包含了所有的工厂定义。

```
angular.module('BookStoreApp.factory', [])
```

接下来我们将该新模块作为依赖加到我们的主模块 BookStoreApp 中。打开文件 www/js/app.js 并更新模块 BookStoreApp 的定义，如下所示：

```
angular.module('BookStoreApp', ['ionic', 'BookStoreApp.controllers',
'BookStoreApp.factory'])
```

1. Ionic loading factory

我们创建的第一个工厂是 Ionic loading factory。在 AngularJS 模块定义下面，添加以下内容：

```
.factory('Loader', ['$ionicLoading', '$timeout',
function($ionicLoading, $timeout) {

    var LOADERAPI = {

        showLoading: function(text) {
            text = text || 'Loading...';
            $ionicLoading.show({
                template: text
            });
        },

        hideLoading: function() {
            $ionicLoading.hide();
        },

        toggleLoadingWithMessage: function(text, timeout) {
            $rootScope.showLoading(text);

            $timeout(function() {
                $rootScope.hideLoading();
            }, timeout || 3000);
        }

    };
    return LOADERAPI;
```

}])

我们使用以下 3 个方法显示、隐藏 Ionic loading 指示器。

- `ShowLoading`：展示默认文案（Loading）或者自定义文案的覆盖层。
- `hideLoading`：隐藏由 `showLoading` 方法弹出的覆盖层。
- `toggleLoadingWithMessage`：显示带自定义提示信息的覆盖层，并在指定时间后自动隐藏（默认时间为 3 秒）。

2. localStorage factory

接下来，我们将增加 `localStorage` factory。在 `localStorage` factory 中代码如下：

```
.factory('LSFactory', [function() {

    var LSAPI = {

        clear: function() {
            return localStorage.clear();
        },

        get: function(key) {
            return JSON.parse(localStorage.getItem(key));
        },

        set: function(key, data) {
            return localStorage.setItem(key,JSON.stringify(data));
        },

        delete: function(key) {
            return localStorage.removeItem(key);
        },

        getAll: function() {
            var books = [];
            var items = Object.keys(localStorage);

            for (var i = 0; i < items.length; i++) {
                if (items[i] !== 'user' || items[i] != 'token') {
                    books.push(JSON.parse(localStorage[items[i]]));
                }
            }

            return books;
```

```
        }
    };

    return LSAPI;

}])
```

该工厂提供一个与 HTML5 `localStorage api` 交互的 API。我们将用本地存储缓存所有书籍信息。通过该方式,我们不需要每次从服务器端来获取书籍信息。

在本例中我们没有实现校验新书并更新到本地缓存的逻辑。读者可以很容易地在我们的应用中添加该功能。

该 factory 的 `clear`、`get`、`set` 和 `delete` 方法封装了 `localStorage` API 的 `clear`、`getItem`、`setItem` 和 `deleteItem` 的方法。我们需要把对象也缓存到 `localStorage`,在本地存储只能存放字符串,我们通过修改 factory 的 `set` 和 `get` 方法在存储前把对象序列转化成字符串,获取数据前进行反序列化。通过这种方式,其他方法可以把对象参数传给该 factory 的 `get` 方法。

> **提示:**
> 要注意的是,我们使用 object.Keys 方法把 localStorage 的对象转换成数组。
> 你可以从以下链接获取更多关于 object.Key 方法的信息:
> https://developer.mozilla.org/en-US/docs/Web/JavaScript/Reference/Global_Objects/Object/keys。

3. Authentication factory

接下来讲述 Authentication factory。把下列代码加到 LSFactory 定义后面:

```
.factory('AuthFactory', ['LSFactory', function(LSFactory) {

    var userKey = 'user';
    var tokenKey = 'token';

    var AuthAPI = {

        isLoggedIn: function() {
            return this.getUser() === null ? false : true;
```

```
        },

        getUser: function() {
            return LSFactory.get(userKey);
        },

        setUser: function(user) {


            return LSFactory.set(userKey, user);
        },

        getToken: function() {
            return LSFactory.get(tokenKey);
        },

        setToken: function(token) {
            return LSFactory.set(tokenKey, token);
        },

        deleteAuth: function() {
            LSFactory.delete(userKey);
            LSFactory.delete(tokenKey);
        }

    };

    return AuthAPI;

}])
```

该厂依赖于 LSFactory，它管理着所有用户的权限数据。如前面所述，当用户登录或者注册后，服务器将会发送一个附带用户对象的 token。Authentication factory 的方法通过 LSFactory API 本地存储保存用户和 token 数据。

接下来我们将创建 TokenInterceptor 工厂。我们已经在文件 www/js/app.js 的 config 代码段添加了 TokenInterceptor 的引用。当执行 http 请求的时候，我们都会调用 TokenInterceptor。

当该方法被调用的时候，它首先会校验 token 和用户对象是否保存在 localStorage 中。如果存在 token 和用户信息，该方法会把这些信息加到请求的头上。添加书籍、查看购物车、结算和查看订单需要用户登录。token 是服务器用来判断用户是否登录、是否有权限查看内容的唯一方式。

> **什么是拦截器？**
> 在我们使用 $http 调用 Ajax 前，我们可以设置一个拦截器，通过这个拦截器，我们可以在发送请求前增加一些额外的数据。
>
> **下面的代码可以添加一个** `$httpProvider` **拦截器：**
> `$httpProvider.interceptors.push('MyInterceptor');`
> 你可以从以下链接获取关于拦截器的更多信息：
> http://www.webdeveasy.com/interceptors-in-angularjs-and-useful-examples/。

在文件 www/js/factory.js 中，把 TokenInterceptor factory 添加到 AuthFactory 后面：

```
.factory('TokenInterceptor', ['$q', 'AuthFactory', function($q, AuthFactory) {

    return {
        request: function(config) {
            config.headers = config.headers || {};
            var token = AuthFactory.getToken();
            var user = AuthFactory.getUser();

            if (token && user) {
                config.headers['X-Access-Token'] = token.token;
                config.headers['X-Key'] = user.email;
                config.headers['Content-Type'] ="application/json";
            }
            return config || $q.when(config);
        },

        response: function(response) {
            return response || $q.when(response);
        }
    };

}])
```

4. REST API factory

接下来我们将创建两个 factory。一个 factory 在和 REST API 端点进行通信时，不需要用户登录，可以直接获取数据。另一个 factory 需要用户登录。我们只是根据不同的逻辑划分成两个 factory，你也可以在一个 factory 里实现上述两个功能。

第一个是 `BooksFactory`。该 factory 有一个 `get` 方法，这个方法会调用 api(`api/v/books`)，并返回数据。

```
.factory('BooksFactory', ['$http', function($http) {

    var perPage = 30;

    var API = {
       get: function(page) {
           return $http.get(base + '/api/v1/books/' + page + '/'+ perPage);
       }
    };

    return API;
}])
```

`api/v1/books` 接口支持分页。你可以添加参数 `perPage` 和 `page`，它会返回相应的记录。你也可以按照需求使用这个服务器端的 API 进行分页。

但是在本章的 App 中，我们只会请求一次获取 30 条记录。作为练习，你可以使用 `ion-infinite-scroll` 指令，按需加载书籍。

接下来是 `UserFactory`。该 factory 包含 `login`、`register` 及 4 个和购物相关的方法。

把下列 `UserFactory` factory 的定义添加到 `BooksFactory` 后面：

```
.factory('UserFactory', ['$http', 'AuthFactory',
    function($http, AuthFactory) {

       var UserAPI = {
          login: function(user) {
              return $http.post(base + '/login', user);
          },
```

```
            register: function(user) {
                return $http.post(base + '/register', user);
            },

            logout: function() {
                AuthFactory.deleteAuth();
            },

            getCartItems: function() {
                var userId = AuthFactory.getUser()._id;
                return $http.get(base + '/api/v1/users/' + userId + '/cart');
            },

            addToCart: function(book) {
                var userId = AuthFactory.getUser()._id;
                return $http.post(base + '/api/v1/users/' + userId + '/cart',
 book);
            },

            getPurchases: function() {
                var userId = AuthFactory.getUser()._id;
                return $http.get(base + '/api/v1/users/' + userId +
 '/purchases');
            },

            addPurchase: function(cart) {
                var userId = AuthFactory.getUser()._id;
                return $http.post(base + '/api/v1/users/' + userId+
 '/purchases', cart);
            }

        };

        return UserAPI;
    }
])
```

getCartItems、addToCart、getPurchases 和 **addPurchase** 这 4 个方法从 localStorage 中获取用户 ID，然后调用 REST 请求。

到此为止我们已经添加了所有需要的 factory 方法（管理数据、权限和 REST 通信）。后面讲述 controller 的时候，我们将讲解每个 REST API 返回的数据。

如果服务程序还在运行，并且你已经正确地完成了所有上述步骤，你将会看到 `browserCtrl` 的报错。这是正常的，接下来我们将会介绍 controllers 的相关内容。

6.4.4　步骤4：为每个路由增加 controller 并集成 factory

我们已经配置好所有的 factory，接下来我们将创建所需的 controller。简单起见我们删除 www/js/controllers.js 文件中的 `AppCtrl`、`PlaylistsCtrl` 和 `PlaylistCtrl`。只留下

```
angular.module('BookStoreApp.controllers', []).
```

1. 应用程序的 controller

我们首先添加的 controller 是应用程序的 controller（名为 `AppCtrl`）。该 controller 管理登录和注册功能。任何子 controller（比如 cart controller）要求用户登录时，首先会广播 `showLoginModal` 事件，监听 `showLoginModal` 的函数会处理登录注册流程。一旦用户登录完成，cart controller 将会接到通知并继续执行下去。

我们将使用`$on`和`$broadcast`这两个方法处理自定义事件，比如 `showLoginModal` 事件。

我们将在文件 www/js/controller.js 中添加 appctrl controller。为了更好地讲解，我们会把 `Appctrl` 的代码分解成两部分。

首先我们将添加定义和所需依赖。

```
.controller('AppCtrl', ['$rootScope', '$ionicModal',
'AuthFactory', '$location', 'UserFactory', '$scope', 'Loader',
    function($rootScope, $ionicModal, AuthFactory, $location,
UserFactory, $scope, Loader) {

}])
```

接下来我们注册 `showLoginModal` 事件到 root scope。我们会在这里定义所需的方法：

```
        $rootScope.$on('showLoginModal', function($event, scope,cancelCallback,
callback) {
            $scope.user = {
                email: '',
                password: ''
```

```javascript
        };

        $scope = scope || $scope;

        $scope.viewLogin = true;

        $ionicModal.fromTemplateUrl('templates/login.html', {


     scope: $scope
 }).then(function(modal) {
     $scope.modal = modal;
     $scope.modal.show();

     $scope.switchTab = function(tab) {
         if (tab === 'login') {
             $scope.viewLogin = true;
         } else {
             $scope.viewLogin = false;
         }
     }

     $scope.hide = function() {
         $scope.modal.hide();
         if (typeof cancelCallback === 'function') {
             cancelCallback();
         }
     }

     $scope.login = function() {
         Loader.showLoading('Authenticating...');

UserFactory.login($scope.user).success(function(data) {

             data = data.data;
             AuthFactory.setUser(data.user);
             AuthFactory.setToken({
                 token: data.token,
                 expires: data.expires
             });

             $rootScope.isAuthenticated = true;
             $scope.modal.hide();
```

```
            Loader.hideLoading();
            if (typeof callback === 'function') {
                callback();
            }
        }).error(function(err, statusCode) {
            Loader.hideLoading();
            Loader.toggleLoadingWithMessage(err.message);
        });

    }

    $scope.register = function() {
        Loader.showLoading('Registering...');

        UserFactory.register($scope.user).success(function(data) {

            data = data.data;
            AuthFactory.setUser(data.user);
            AuthFactory.setToken({
                token: data.token,
                expires: data.expires
            });

            $rootScope.isAuthenticated = true;
            Loader.hideLoading();
            $scope.modal.hide();
            if (typeof callback === 'function') {
                callback();
            }
        }).error(function(err, statusCode) {
            Loader.hideLoading();
            Loader.toggleLoadingWithMessage(err.message);
        });
    }
  });
});
```

接下来我们添加两个方法到`$rootScope`属性中。这些方法会在`sidemenu`中被调用：

```
$rootScope.loginFromMenu = function() {
    $rootScope.$broadcast('showLoginModal', $scope, null,null);
}

$rootScope.logout = function() {
```

```
        UserFactory.logout();
        $rootScope.isAuthenticated = false;
        $location.path('/app/browse');
        Loader.toggleLoadingWithMessage('Successfully Logged Out!', 2000);
    }
```

ShowLoginModal 事件有 3 个参数。

- scope：该模组创建时的 scope。如果没指定 scope，将使用 AppCtrl 的 scope。
- cancelCallback：用户取消登录、注册时执行的回调函数。
- callback：用户成功注册、登录后执行的回调函数。

我们可以使用 $ionicModal 从文件 login.tml 创建弹层。我们将在下一章介绍这些模板。login 和 register 方法分别调用 UserFactory 的 login 和 register 方法。一旦用户成功登录/注册，服务器端返回的数据内容如下所示。

```
{
    "error": null,
    "data": {
        "token": "eyJ0eXAiOiJKV1QiLCJhbGciOiJIUzI1NiJ9.eyJleHAiOjE0
MzM1MjIwNzQ4MzYsInVzZXIiOnsiX2lkIjoiNTU2ODU5NjgyN2ZjY2JjMTZkNjA4MzBi
IiwiZW1haWwiOiJhQGEuY29tIiwibmFtZSI6ImEiLCJjYXQ0IjpbeyJpZCI6IjU1NjgzY
2Q4ZmJiMmUxOTI0zjE4YTRlYSIsInF0eSI6MX1dLCJwdXJjaGFzZXMiOlt7IlB1cmNoYX
NlIG1hZGUgb24gMjktTWF5LTIwMTUgYXQgMTc6NTAiOlt7ImlkIjoiNTU2ODNjZDhmYmI
yZTE5MjRmMThhNGU4IiwicXR5IjoxfV19LHsiUHVyY2hhc2UgbWFkZSBvbiAyOS1NYXkt
MjAxNSBhdCAxNzo1OSI6W3siaWQiOiI1NTY4M2NkOGZiYjJlMTkyNGYxOGE0ZWIiLCJxd
HkiOjF9LHsiaWQiOiI1NTY4M2NkOGZiYjJlMTkyNGYxOGE0ZjYiLCJxdHkiOjF9LHsiaW
QiOiI1NTY4M2NkOGZiYjJlMTkyNGYxOGE0ZjgiLCJxdHkiOjF9XX0seyJQdXJjaGFzZSB
tYWRlIG9uIDI5LU1heS0yMDE1IGF0IDIwOjUxIjpbeyJpZCI6IjU1NjgzY2Q4ZmJiMmUx
OTI0ZjE4YTRlOCIsInF0eSI6MX0seyJpZCI6IjU1NjgzY2Q4ZmJiMmUxOTI0ZjE4YTRlY
SIsInF0eSI6MX0seyJpZCI6IjU1NjgzY2Q4ZmJiMmUxOTI0ZjE4YTRlZSIsInF0eSI6MX
1dfV19fQ.J0U0BZXhP6C1VWEHDT18BMOzkK_dvXP-xdGUiIr7-z8",
        "expires": 1433522074836,
        "user": {
            "_id": "5568596827fccbc16d60830b",
            "email": "a@a.com",
            "name": "a",
        }
    },
    "message": "Success"
}
```

我们从返回数据中解析 `token` 和用户对象，然后使用 `AuthFactory` 的 `setUser` 和 `setToken` 方法把信息缓存到 `localStorage`。在调用 REST API 的时候，`TokenInterceptor` 会自动地获取这些缓存数据并添加到请求中。

`loginFromMenu` 和 `logout` 是在 Login/logout 菜单项中被调用的。`loginFromMenu` 方法用来触发 `showLoginModal` 事件，然后要求用户登录。

`Logout` 方法调用 `UserFactory` 的 `logout` 方法，用来清除 `localStorage` 中的用户和 token 数据。同时重置 `isAuthenticated` 的属性值并重新定向到 /app/browse 页面。

2. Browse controller

下面将要介绍的 controller 是 `BrowseCtrl`。该 controller 负责在用户启动 App 后展示所有书籍信息。`BrowseCtrl` 第一次和 REST API 后端接口通讯时获取所有书籍（前提是获取成功），然后把信息缓存到 `localStorage`。所以应用程序下次将会从 `localStorage` 读取书籍信息。

提示：
作为练习，你可以实现一个实时更新 `localStorage` 中书籍缓存的功能。

```
.controller('BrowseCtrl', ['$scope', 'BooksFactory', 'LSFactory',
'Loader',
    function($scope, BooksFactory, LSFactory, Loader) {

    Loader.showLoading();

    //支持分页
    var page = 1;
    $scope.books = [];
    var books = LSFactory.getAll();

    //如果在 localStorage 中存在 books，直接使用它，而不需要发送请求
    if (books.length > 0) {
        $scope.books = books;
        Loader.hideLoading();
    } else {
        BooksFactory.get(page).success(function(data) {

            // 处理书籍信息并保存到 localStorage 中
            //当用户离线时也可以获取书籍信息
            processBooks(data.data.books);
```

```
            $scope.books = data.data.books;
            $scope.$broadcast('scroll.infiniteScrollComplete');
            Loader.hideLoading();
        }).error(function(err, statusCode) {
            Loader.hideLoading();
            Loader.toggleLoadingWithMessage(err.message);
        });
    }

    function processBooks(books) {
        LSFactory.clear();
        //我会将每本书单独存储，这样就能通过书本的 id 获取书籍信息
        for (var i = 0; i < books.length; i++) {
            LSFactory.set(books[i]._id, books[i]);
        };
    }

}])
```

我们的 REST API 支持分页，我们可以传入这两个参数：`page` 和 `perPage`，这两个参数会在 `BooksFactory` 中设置。**Page** 参数是动态设置的，你可以自己实现分页并按需加载书籍内容。

但是在本例中我们将一次性加载所有的 30 本书。

3. Book controller

当用户在列表页浏览所有书籍时，如果想查看某本书籍的详细信息，他需要点击列表上的书本。在这种情况下，我们将把页面跳转至 /book 页面，此时会调用 `BookCtrl`。`BookCtrl` 通过给定的 `id` 从 `localStorage` 中搜索书籍并展示它的详细信息。

在文件 www/js/controllers.js 的 `BrowseCtrl` 后面加上 `BookCtrl`，代码如下：

```
.controller('BookCtrl', ['$scope', '$state', 'LSFactory',
'AuthFactory', '$rootScope', 'UserFactory', 'Loader',
    function($scope, $state, LSFactory, AuthFactory, $rootScope,User
Factory, Loader) {

        var bookId = $state.params.bookId;

        $scope.book = LSFactory.get(bookId);

        $scope.$on('addToCart', function() {
            Loader.showLoading('Adding to Cart..');
```

```
            UserFactory.addToCart({
                id: bookId,
                qty: 1
            }).success(function(data) {
                Loader.hideLoading();
                Loader.toggleLoadingWithMessage('Successfully added ' +
$scope.book.title + ' to your cart', 2000);
            }).error(function(err, statusCode) {
                Loader.hideLoading();
                Loader.toggleLoadingWithMessage(err.message);
            });

        });

        $scope.addToCart = function() {
            if (!AuthFactory.isLoggedIn()) {
                $rootScope.$broadcast('showLoginModal', $scope,null, function() {
                    //用户已登录
                    $scope.$broadcast('addToCart');
                });
                return;
            }
            $scope.$broadcast('addToCart');
        }
    }
])
```

我们使用 `LSFactory.get(bookId)` 方法从 `localStorage` 中获取书籍信息。

在体验 demo 的时候，你会发现在书本详情页面有个 Add to Cart 的按钮。添加到购物车的逻辑非常简单。如果用户点击 Add to Cart，将会校验该用户是否登录。如果用户没有登录，将会触发 `showLoginModal` 事件。一旦用户成功登录会触发 `addToCart` 事件，该事件会把书籍添加到购物车里。

如果用户已经登录了，我们直接触发 `addToCart` 事件。

`addToCart` 事件创建包含当前书籍 `bookid` 和数量（硬编码为 1）的对象，然后调用 `UserFactory` 的 `addToCart` 方法，把书籍添加到购物车中。

4．购物车 controller

下面我们将介绍的是 cart controller。该 controller 在以下两种情况下触发：用户点击头部的购物车按钮或者用户点击侧边栏菜单中的购物车菜单项。

当用户点击购物车，我们将检查该用户是否登录。一旦用户处于登录状态，我们将获取用户购物车书籍并显示出来。否则我们将触发 `showLoginModal` 事件，弹出登录页面，引导用户登录。如果此时用户取消登录，我们将引导用户回到`/app/browse`。

一旦用户成功登录，我们将触发 `getCart` 事件。`getCart` 会调用 `UserFactory` 的 `getCartItems` 方法并获取所有的购物车里的书籍。一旦获取到购物车里的书籍信息，我们将这些书籍信息保存到`$scope` 里的 `books` 变量里。

我们将下面的 `CartCtrl` 代码添加到 `BookCtrl` 之后：

```
.controller('CartCtrl', ['$scope', 'AuthFactory', '$rootScope',
'$location', '$timeout', 'UserFactory', 'Loader',
    function($scope, AuthFactory, $rootScope, $location, $timeout,
UserFactory, Loader) {

        $scope.$on('getCart', function() {
            Loader.showLoading('Fetching Your Cart..');
            UserFactory.getCartItems().success(function(data) {
                $scope.books = data.data;
                Loader.hideLoading();
            }).error(function(err, statusCode) {
                Loader.hideLoading();
                Loader.toggleLoadingWithMessage(err.message);
            });

        });

        if (!AuthFactory.isLoggedIn()) {
            $rootScope.$broadcast('showLoginModal', $scope, function()
{
                //取消 auth 回调
                $timeout(function() {
                    $location.path('/app/browse');
                }, 200);
            }, function() {
                //用户已经登录
                $scope.$broadcast('getCart');
            });
            return;
        }

        $scope.$broadcast('getCart');

        $scope.checkout = function() {
            //我们只需要发送 id 和 qty
```

```
            var _cart = $scope.books;
            var cart = [];
            for (var i = 0; i < _cart.length; i++) {
              cart.push({
                  id: _cart[i]._id,
                  qty: 1 //硬编码为1
              });
            };

            Loader.showLoading('Checking out..');
            UserFactory.addPurchase(cart).success(function(data) {
                Loader.hideLoading();
                Loader.toggleLoadingWithMessage('Successfully checkedout',
2000);
                $scope.books = [];
            }).error(function(err, statusCode) {
                Loader.hideLoading();
                Loader.toggleLoadingWithMessage(err.message);
            });
         }
      }
])
```

我们在$scope上添加了checkout方法。一旦用户浏览自己的购物车，他们可以进行结算操作。该方法会调用UserFactory的addPurchase方法，并把cart数组作为参数传过去。该cart数组存放着包含了书本id和quantity的对象。

5. purchase controller

我们App的最后一个controller是purchase controller。该controller展示了当前登录用户的历史购买记录。和cart controller一样，我们先要校验用户是否登录。一旦用户登录，我们将触发getPurchases事件。它将通过UserFactory的getPurchases方法调用购买记录的API，获取订单列表。

```
.controller('PurchasesCtrl', ['$scope', '$rootScope',
'AuthFactory', 'UserFactory', '$timeout', 'Loader',
    function($scope, $rootScope, AuthFactory, UserFactory,$timeout, Loader) {
        // http://forum.ionicframework.com/t/expandable-list-in-ionic/
3297/2
        $scope.groups = [];

        $scope.toggleGroup = function(group) {
           if ($scope.isGroupShown(group)) {
              $scope.shownGroup = null;
```

```
            } else {
                $scope.shownGroup = group;
            }
        };
        $scope.isGroupShown = function(group) {
            return $scope.shownGroup === group;
        };

        $scope.$on('getPurchases', function() {
            Loader.showLoading('Fetching Your Purchases');
            UserFactory.getPurchases().success(function(data) {
                var purchases = data.data;
                $scope.purchases = [];
                for (var i = 0; i < purchases.length; i++) {
                    var key = Object.keys(purchases[i]);
                    $scope.purchases.push(key[0]);
                    $scope.groups[i] = {
                        name: key[0],
                        items: purchases[i][key]
                    }
                    var sum=0
                    for (var j = 0; j < purchases[i][key].length; j++) {
                        sum += parseInt(purchases[i][key][j].price);
                    };
                    $scope.groups[i].total = sum;
                };
                Loader.hideLoading();
            }).error(function(err, statusCode) {
                Loader.hideLoading();
                Loader.toggleLoadingWithMessage(err.message);
            });
        });

        if (!AuthFactory.isLoggedIn()) {
            $rootScope.$broadcast('showLoginModal', $scope, function() {
                $timeout(function() {
                    $location.path('/app/browse');
                }, 200);
            }, function() {
                //用户已经登录
                $scope.$broadcast('getPurchases');
            });
            return;
        }
```

```
            $scope.$broadcast('getPurchases');
        }
    ])
```

我们已经添加了 `toggleGroup` 和 `isGroupShown` 这两个方法。当我们创建模板的时候会用到这些方法。一旦请求数据返回，我们会格式化这些数据并用列表展示。

> **提示：**
> 建议读者在操作前先下载此 App 的最新代码。这将帮助你更好地理解代码。

6.4.5　步骤 5：构建模板并集成 controller 数据

我们已经准备好了 controller 和数据，接下来将构建模板来展示数据。

1．Login 模板

我们首先讲述 login.html 模板。

```html
<ion-modal-view>
    <div class="tabs-striped tabs-background-assertive tabs-color-light">
        <div class="tabs">
            <a class="tab-item" ng-class="{active : viewLogin}" href="javascript:" ng-click="switchTab('login')">
                <i class="icon ion-locked"></i> Login
            </a>
            <a class="tab-item" ng-class="{active : !viewLogin}" href="javascript:" ng-click="switchTab('register')">
                <i class="icon ion-person-add"></i> Register
            </a>
        </div>
    </div>
    <!-- login pane -->
    <ion-pane ng-show="viewLogin">
        <ion-header-bar>
            <h1 class="title">Login</h1>
            <div class="buttons">
                <button class="button button-assertive" ng-click="hide()">Close</button>
            </div>
        </ion-header-bar>
        <ion-content>
            <form>
                <div class="list">
```

```html
                <label class="item item-input">
                    <span class="input-label">Email</span>
                    <input type="email" ng-model="user.email">
                </label>
                <label class="item item-input">
                    <span class="input-label">Password</span>
                    <input type="password" ng-model="user.password">
                </label>

                <label class="item">
                    <button class="button button-block button-assertive" ng-click="login()" ng-disabled="!user.email ||!user.password" type="submit">Log in</button>
                </label>
            </div>
        </form>
    </ion-content>
</ion-pane>
<!-- register pane -->
<ion-pane ng-hide="viewLogin">
    <ion-header-bar>
        <h1 class="title">Register</h1>
        <div class="buttons">
            <button class="button button-assertive" ng-click="hide()">Close</button>
        </div>
    </ion-header-bar>
    <ion-content>
        <form>
            <div class="list">
                <label class="item item-input">
                    <span class="input-label">Name</span>
                    <input type="text" ng-model="user.name">
                </label>
                <label class="item item-input">
                    <span class="input-label">Email Address</span>
                    <input type="text" ng-model="user.email">
                </label>
                <label class="item item-input">
                    <span class="input-label">Password</span>
                    <input type="password" ng-model="user.password">
                </label>
                <label class="item">
                    <button class="button button-block button-assertive" ng-click="register()" ng-disabled="!user.name || !user.email || !user.password" type="submit" type="submit">Register</button>
                </label>
```

```
            </div>
         </form>
      </ion-content>
   </ion-pane>
</ion-modal-view>
```

login 模板有个 tabs 组件可以在 Login 和 Register 页面间切换。该 tabs 组件不是 Ionic 的 tab directive，而是 Tab CSS 组件。一旦点击该 tab 图标，我们将在 Login 和 Register 页面间切换，实现方式是通过 `switchTab` 方法设置 `viewLogin` 属性值为 `true` 或者 `false`。

完整的 login 模板如图 6.6 所示（你可以通过点击注册标签来查看注册页面）。

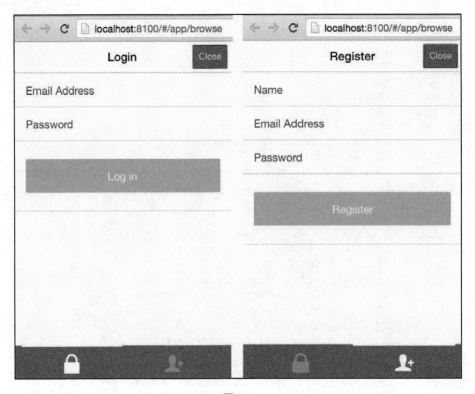

图 6.6

2．Browse 模板

接下来我们将创建 Browse 模板。该模板用来显示书籍列表。打开文件 www/templates/browse.html 并更新如下：

```
<ion-view view-title="Browse Books" hide-back-button="true">
    <ion-content>
```

```
<ion-list>
    <div ng-repeat="book in books track by $index" class="row
responsive-sm" ng-if="$index % 2 == 0">
        <ion-item class="col-50" ng-repeat="i in [$index,$index + 1]"
ng-if="books[i] != null" ng-href="#/app/book/{{::books[i]._id}}">
            <div class="item-thumbnail-left">
                <img ng-src="{{::book.image}}">
                <h2>{{::books[i].title}}</h2>
                <p>{{::books[i].short_description}}</p>
                <p>
                    <i class="icon ion-star" ng-repeat="iin getNumber
(books[i].rating) track by $index"></i>
                </p>
            </div>
        </ion-item>
    </div>
</ion-list>
    </ion-content>
</ion-view>
```

提示：
在之前的模板中，我是用{{::property}}替代{{property}}。在 AngularJS 中{{::property}}是单项绑定。如果在模板中使用的属性值在初始化绑定后不会再发生变化，那么使用单项绑定是最佳方式。我们的 app 就是这样做的。一旦值绑定到模板中，我们就不再更新。通过这种方式我们可以节约 AngularJS 的遍历变量的开销。你可以通过以下链接更好地理解单向数据绑定：http://blog.thoug htram.io/angularjs/2014/10/14/ exploring-angular-1.3-one-time-bindings.html。

我们使用了 ion-list 来展示书籍列表。对于怎么使用 Ionic 的 grid system 实现网格，在前面我已经用此类模板演示过。

在前面模板中我们使用两列来展示书籍信息，如果是移动端设备则用一列。我们使用两层循环来生成网格布局结构。外层循环使用了名为 row 的类，内层循环使用的元素是名为 col-50 的类。

同时我们在外层循环中会添加 responsive-sm 类，如果设备屏幕过小的话，它会把列表渲染成一列。

移动设备渲染的页面如图 6.7 所示。

图 6.7

平板电脑的版本如图 6.8 所示。

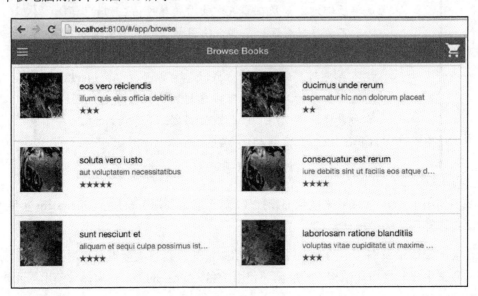

图 6.8

3. Book 模板

当用户点击屏幕上的书籍，查看详细信息时，我们将页面跳转到/book 页面。这里将展示书籍的详细信息，同时也有 Add to Cart 按钮。在文件 www/templates/book.html 中加入下列代码：

```html
<ion-view view-title="{{::book.title}}" hide-back-button="true">
    <ion-content>
        <div class="list card">
            <div class="item item-avatar">
                <img ng-src="{{::book.author_image}}">
                <h2>{{::book.title}}</h2>
                <p>{{::book.release_date | date:'yyyy-MM-dd'}}</p>
                <p>{{::book.author}}</p>
            </div>
            <div class="item item-body">
                <img class="full-image" ng-src="{{::book.image}}">
                <p>
                    {{::book.long_description}}
                </p>
                <p class="row">
                    <label class="col">
                        Rating : <i class="icon ion-star" ng-repeat="i in getNumber(book.rating) track by $index"></i>
                    </label>
                    <label class="col">
                        Price :
                        <label class="subdued">{{::book.price | currency}} $</label>
                    </label>
                </p>
                <button class="button button-assertive button-block" ng-click="addToCart()">
                    <i class="icon ion-checkmark"></i> Add to Cart
                </button>
            </div>
        </div>
    </ion-content>
</ion-view>
```

该模板中用到新特性是评级,我们使用 `ng-repeat` 来动态地显示书本的评级。我们使用 `getNumber` 方法获取书本的评级,该方式定义在 `run` 方法内。

渲染的书籍模板如图 6.9 所示。

图 6.9

4. Cart 模板

Cart 模板和 Browse 模板非常相似,除了以下方面:(1)顶部的结算按钮;(2)如果购物车中没有商品,将会展示提示信息。更新文件 `www/templates/cart.html` 如下:

```
<ion-view view-title="Your Cart" cache-view="false" hide-back-
button="true">
    <ion-content>

        <div class="padding">
            <button class="button button-block button-dark" ng-show="books.
length > 0" ng-click="checkout()">
                <i class="icon ion-checkmark"></i> Checkout Cart
            </button>
        </div>
        <ion-list>
            <div ng-repeat="book in books track by $index"class="row
responsive-sm" ng-if="$index % 2 == 0">
                <ion-item class="col-50" ng-repeat="i in [$index,$index + 1]"
ng-if="books[i] != null" ng-href="#/app/book/{{::books[i]._id}}">
                    <div class="item-thumbnail-left">
                        <img ng-src="{{::book.image}}">
                        <h2>{{::books[i].title}}</h2>
                        <p>{{::books[i].short_description}}</p>
                        <p>{{::books[i].price}} $</p>
                        <p>
                            <i class="icon ion-star" ng-repeat="iin getNumber
(books[i].rating) track by $index"></i>
                        </p>
                    </div>
                </ion-item>
            </div>
        </ion-list>
        <div class="card" ng-show="books.length == 0">
            <div class="item item-text-wrap text-center">
                <h2>No Books in your cart!</h2>
                <br>
                <a href="#/app/browse">Add a few</a>
            </div>
        </div>
    </ion-content>
</ion-view>
```

渲染的页面如图 6.10 所示。

图 6.10

5．Purchase 模板

最后的模板是 Purchase 模板。我们通过嵌套列表的方式显示购买记录，而不采用 master detail　page（主从页面）的方式。Master detail 方式会先展示所有的购买记录列表，当用户点击列表上的订单，页面会跳转至订单详情页面（与 Browse 和 Book 页面一致）。

所有的购买订单是基于时间来分组的。当用户点击分组头部时，我们将展示该分组下的所有已购买书籍。

提示：
这个是 accordion 组件。你可以从以下链接了解更多信息：http://forum.ionicframework.com/t/ expandable-list-in-ionic/3297/2。

打开文件 www/templates/purchases.html 并更新如下：

```html
<ion-view view-title="Your Purchases" cache-view="false" hide-back-button="true">
    <ion-content>
        <ion-list>
            <div ng-repeat="group in groups">
                <ion-item class="item-stable" ng-click="toggleGroup(group)" ng-class="{active: isGroupShown(group)}">
                    <p><i class="icon" ng-class="isGroupShown(group) ? 'ion-minus' : 'ion-plus'"></i>
 {{::group.name}}
                        <span class="badge badge-positive">{{::group.items.length}}</span></p>
                    <p>You paid : {{::group.total | currency}}</p>
                </ion-item>
                <ion-item class="item-accordion" ng-repeat="item in group.items" ng-show="isGroupShown(group)" ng-href="#/app/book/{{::item._id}}">
                    <div class="item-thumbnail-left">
                        <img ng-src="{{::item.image}}">
                        <h2>{{::item.title}}</h2>
                        <p>{{::item.short_description}}</p>
                        <p>
                        <i class="icon ion-star" ng-repeat="i in getNumber(item.rating) track by $index"></i>
                        </p>
                    </div>
                </ion-item>
            </div>
        </ion-list>
    </ion-content>
</ion-view>
```

保存文件并在浏览器查看，你将会看到如图 6.11 所示的界面。

第 6 章 构建书店 App

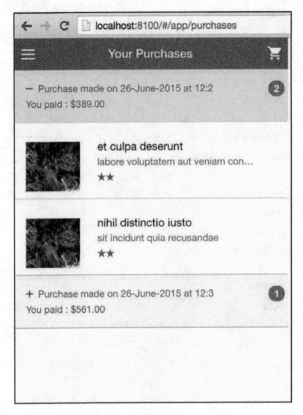

图 6.11

在最后我们将添加一些自定义样式。更新 www/css/styles.css，如下所示：

```
.item-thumbnail-left,
.item-thumbnail-left .item-content {
    min-height: 75px;
}

.ion-android-cart:before {
    font-size: 24px !important;
}

.item-thumbnail-left   > img:first-child,
.item-thumbnail-left   .item-image,
.item-thumbnail-left   .item-content > img:first-child,
.item-thumbnail-left   .item-content .item-image {
    top: 27px;
```

```
    left: 16px;
    padding-bottom: 10px;
}

.badge.badge-positive {
    position: absolute;
    right: 5px;
}
```

6.5 总结

在本章中，我们掌握了如何构建一个使用 REST API 的 Ionic 应用。我们首先学习了如何调用基于 token 的服务，然后掌握了如何在处理路由前进行权限校验。通过本案例，你可以巩固所学的 Ionic 知识。

在下一章将介绍 Cordova 插件，以及如何使用 ngCordova。

第 7 章
Cordova 和 ngCordova

在本章中，我们将要了解一些特定设备的功能，比如网络、电池状态、摄像头等，然后集成它们到我们的 Ionic 应用中。首先我们要了解一下 Cordova 插件，然后了解如何使用 ngCordova。

在本章中，我们将学习如下内容：

- 安装设置平台相关的 SDK；
- 了解 Cordova 插件提供的 API；
- 使用 ngCordova；
- 测试一些 ngCordova 插件。

7.1 安装设置平台相关 SDK

为了让 Ionic 可以使用设备的功能，我们需要根据设备的操作系统安装特定的 SDK 到电脑上。通常情况下，Ionic 被运用在 iOS、Android 和少量的 Windows phone 平台的设备上。但其实，它可被用于任何设备。

下面的链接将使你了解如何在机器上安装移动 SDK。

如果你还没有安装 SDK，那么你将不能进行本章后续的操作，请参考以下链接进行安装。

- **Android**：http://cordova.apache.org/docs/en/5.0.0/guide_platforms_android_index.md.html #Android%20Platform%20Guide。
- **iOS**：http://cordova.apache.org/docs/en/5.0.0/guide_platforms_

ios_index.md.html#iOS%20Platform%20Guide

- **Windows Phone 8**：http://cordova.apache.org/docs/en/5.0.0/guide_platforms_wp8_index.md.html#Windows%20Phone%208%20Platform%20Guide。

> 提示：
> 针对其他的系统的安装，你可以参考 Cordova5.0.0 文档，地址为 http://cordova.apache.org/docs/en/5.0.0/guide_platforms_index.md.html#Platform%20Guides。

本书中，我们仅仅介绍 Android 和 iOS 两种平台，其他移动平台也类似。

要进行后续操作，首先要确保 SDK 已经成功安装。

> 提示：
> 你可以在 gitbub 上查看本章中的代码，反馈问题，并与作者讨论（https://github.com/learning-ionic/Chapter-7）。

7.1.1 Android 设置

确保你已经安装了 SDK 并且在环境变量中配置了 Android tools。然后打开终端，就可以直接运行如下命令：

`android`

这个命令将打开 Android SDK manager。确保已经安装了最新版的 Android SDK，或者是任何一个指定版本的 Android SDK。

接下来，运行如下命令：

`android avd`

这个命令将运行 Android Virtual Device 管理器。确保你已经至少安装了一个 AVD 设备。如果还没有安装，你可以点击 create 按钮，简单地创建一个新的 AVD 设备，填写信息如图 7.1 所示。

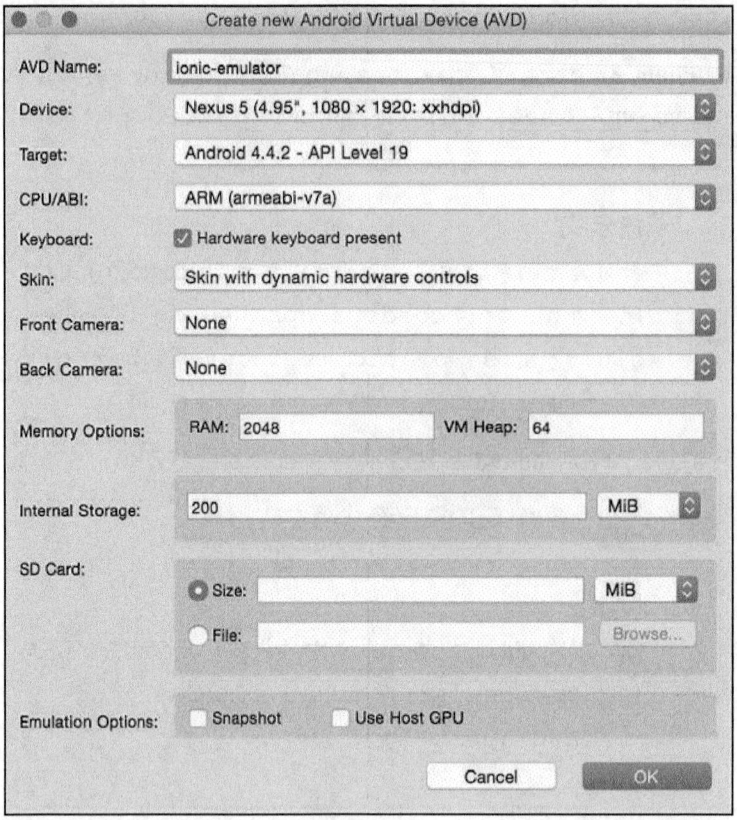

图 7.1

7.1.2 iOS 设置

确保你安装了 Xcode 和它所需的工具，并且还需要全局安装 ios-sim 和 ios-deploy 工具：

```
npm install -g ios-sim
npm install -g ios-deploy
```

提示：
iOS 只能在 Apple 机器上安装配置，Windows 开发者不能从 Windows 机器部署 iOS 应用。

7.2 测试设备

让我们了解一下如何测试 Android 和 iOS 设备。

7.2.1 测试 Android 设备

要测试 Android 设备，我们先构建一个新的 Ionic 应用，并使用 Android 模拟器运行它。

首先，我们构建一个 tabs 模板的应用程序：

`ionic start -a "Example 27" -i app.example.twentyseven example27 tabs`

然后进入 `example27` 目录，运行如下命令：

`ionic serve`

这个命令将会在浏览器中启动应用程序，你应该可以看到这个带 tab 的应用。

要在 Android 模拟器上模拟运行它，首先需要为项目添加 Android 的平台支持，然后才能在模拟器中运行。

添加 Android 的平台支持，运行如下命令：

`ionic platform add android`

接下来运行如下命令：

`ionic emulate android`

一段时间后，你会看到模拟器启动了，应用程序将会在模拟器中部署和运行（见图 7.2）。

如果你开发过原生的 Android 应用，你就能体会到 Android 模拟器是多么的慢。如果你还没有使用过，那么我明确地告诉你，它确实很慢。

一种替代 Android 模拟器的产品是 Genymotion（https://www.genymotion.com）。Ionic 也可以很好地集成 Genymotion。

Genymotion 有 2 个版本，一个是免费版，另一个用于商业版本。免费版的功能很有限，仅提供给个人使用。

提示：
你可以从下面的链接下载 Genymotion：https://www.genymotion.com/#!/store。

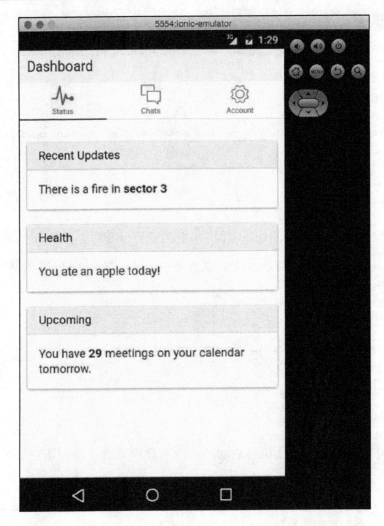

图 7.2

　　Genymotion 安装成功后，使用默认的 Android SDK 创建一个新的虚拟设备，我的配置如图 7.3 所示。

　　接下来，我们启动该模拟器并且让它在后台运行。

　　现在 Genymotion 已经运行了，我们需要让 Ionic 去使用 Genymotion 模拟器而不是 Android 模拟器。所以我们使用命令 `ionic run android` 替代 `ionic emulate android`。

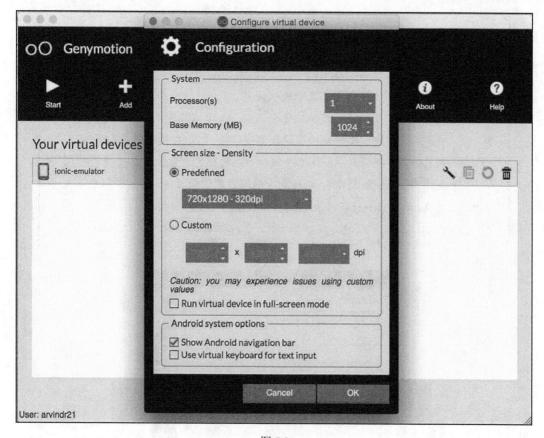

图 7.3

这个命令将部署应用到 Genymotion 模拟器,然后你可以立刻看到它,它不像 Android 模拟器那么慢(见图 7.4)。

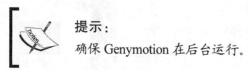

提示:

确保 Genymotion 在后台运行。

如果你觉得 Genymotion 还是比较慢,那么你可以直接把手机连接到电脑上,然后运行如下命令:

```
ionic run android
```

下面我们将会把 App 部署到真机。

> 提示：
> 安装 Android USB 调试器，请参考链接：http://developer.android.com/tools/device.html。图 7.4 是基于 Genymotion 的个人版本（我们没有商业授权许可）。
>
> 我一般在开发阶段使用手机配合 Android 模拟器开发。开发完成后，我会从在线测试服务里购买设备测试时间，然后在该目标设备上测试。如果你在连接你的 Android 手机和电脑时遇到问题，请检查是否能够在终端运行 adb device，以及是否能够看到你的设备列表。获取更多关于 Android Debug Bridge（ADB）的信息，参考链接：http://developer.android.com/tools/help/adb.html。

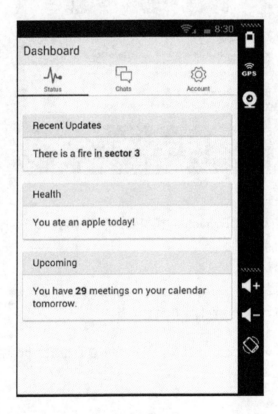

图 7.4

早期的开发者针对 Android 应用都有不同的测试方式。

7.2.2 测试 iOS

就像测试 Android 时我们所做的那样，当测试 iOS 时，首先需要添加 iOS 平台支持，然后才能在模拟器中运行它。

运行如下命令：

`ionic platform add ios`

然后运行：

`ionic emulate ios`

你将会看到默认的模拟器运行了，最终 app 运行效果如图 7.5 所示。

图 7.5

要部署应用到 Apple 设备，你需要运行如下命令：

`ionic run ios`

确保在部署前先在模拟器中运行这个 App。

7.3 Cordova 插件

下面这段文字摘录自 Cordova 文档。

"一个插件是一段注入的代码，它允许 Cordova web view 的应用程序和原生平台进行通信。插件提供了一系列访问设备的接口方法，通常来说，基于 Web 的应用是无法做到的。所有主要的 Cordova API 都是作为插件来实现，还有其他的一些插件功能需要先启用才能使用，比如条形码扫描、NFC 通信，或者日历通知功能等。"

Cordova 插件提供了访问设备功能的接口，Cordova/Phonegap 团队已经实现了几乎涵盖设备所有功能的插件。社区贡献的插件还提供了定制化的功能。

提示：
你可以在下面的链接搜索已经存在的插件：http://plugins.cordova.io/。

在本章中，我们将了解一些插件。

提示：
在本书出版的时候，Cordova 插件已经转由 NPM 管理，所有的 Cordova 插件已经过渡到 NPM。获取更多信息，请访问 https://cordova.apache.org/announcements/2015/04/21/plugins-release-and-move-to-npm.html。

为了适应早期的版本，作为一个开发者，你不需要做任何事情，除了使用 Cordova CLI（Cordova 版本大于或等于 5.0.0）来添加插件。这将从合适的资源库中下载插件。

由于我们专注于 Ionic 开发，我们将使用 Ionic CLI 而不是 Cordova CLI 来添加插件。在底层，Ionic CLI 将调用 Cordova CLI。

> 提示：
> Ionic 团队已经合并了一个 pull 请求来改变 "点符号" 为 "链接符号"。要获取更多信息，请访问 https://github.com/driftyco/ionic-cli/pull/409。

7.4 Ionic 插件 API

以下是用于操作插件的相关的 4 个主要命令。

7.4.1 添加一个插件

要给工程添加一个插件，使用如下命令：

`ionic plugin add org.apache.cordova.camera`

或者使用

`ionic plugin add cordova-plugin-camera`

7.4.2 移除插件

要从工程中移除一个插件，使用如下命令：

`ionic plugin rm org.apache.cordova.camera`

或者使用

`ionic plugin rm cordova-plugin-camera`

7.4.3 列出添加的插件

要列出工程当前添加的插件，使用如下命令：

`ionic plugin ls`

7.4.4 搜索插件

搜索一个插件，使用如下命令：

`ionic plugin search scanner barcode`

为了测试上面的命令，我们构建一个新的工程，然后执行上面的命令，首先运行如下命令：

ionic start -a "Example 28" -i app.example.twentyeight example28 blank

提示：
当你下载一个 blank 模板的工程，以下的插件将会被同时下载并安装。

cordova-plugin-device
cordova-plugin-console
cordova-plugin-whitelist
cordova-plugin-splashscreen
com.ionic.keyboard

为了测试该应用，使用 cd 命令进入 example28 目录，然后运行：

ionic serve

让我们搜索电池状态的插件，并且把它添加到我们的工程，结束 server 进程，然后运行如下命令：

ionic plugin search battery status

运行效果如图 7.6 所示（图 7.6 是在本书写作时的截图，因为版本升级的原因，这可能和你运行后的结果不一致）。

```
→ example28  ionic plugin search battery status
Updated the hooks directory to have execute permissions
running cordova plugin search battery status
npm http GET http://registry.cordova.io/-/all/since?stale=update_after&s
tartkey=1433066172224
npm http 200 http://registry.cordova.io/-/all/since?stale=update_after&s
tartkey=1433066172224
com.blueshift.cordova.battery - Battery
org.apache.cordova.battery-status - Cordova Battery Plugin
→ example28
```

图 7.6

当你运行这个命令，你可能仅仅看到使用连字符号命名的一些插件，也可能同时看到使用点符号命名的插件。你可以把你搜索到的插件添加到工程里。

比如，要添加 battery status plugin 到我们的工程里，你需要运行如下命令：

`ionic plugin add org.apache.cordova.battery-status`

这将添加 battery status plugin 插件到当前工程（https://github.com/apache/cordova-plugin-battery-status）。

当你运行前面的命令，你会看到如图 7.7 所示的界面。

```
→ example28  ionic plugin add org.apache.cordova.battery-status
Updated the hooks directory to have execute permissions
running cordova plugin add org.apache.cordova.battery-status
WARNING: org.apache.cordova.battery-status has been renamed to cordova-plugin-battery-status. You
may not be getting the latest version! We suggest you `cordova plugin rm org.apache.batt
ery-status` and `cordova plugin add cordova-plugin-battery-status`.
Fetching plugin "org.apache.cordova.battery-status" via cordova plugins registry
npm http GET http://registry.cordova.io/org.apache.cordova.battery-status
npm http 200 http://registry.cordova.io/org.apache.cordova.battery-status
npm http GET http://cordova.iriscouch.com/registry/_design/app/_rewrite/org.apache.cordova.batter
y-status/-/org.apache.cordova.battery-status-0.2.12.tgz
npm http 200 http://cordova.iriscouch.com/registry/_design/app/_rewrite/org.apache.cordova.batter
y-status/-/org.apache.cordova.battery-status-0.2.12.tgz
Saving plugin to package.json file
Adding since there was no existingPlugin
→ example28
```

图 7.7

这个命令输出了一个警告信息，告诉我们这个插件已经被重新命名了，并且下载的插件可能不是最新的版本。

所以，让我们来使用它的最新版本。但是在我们添加新的版本之前，我们需要先移除已经安装的版本，运行如下命令：

`ionic plugin rm org.apache.cordova.battery-status`

使用连字符号的形式添加插件，如下命令：

`cordova plugin add cordova-plugin-battery-status`

要查看已经安装的所有插件，运行如下命令：

`ionic plugin ls`

然后你将会看到如图 7.8 所示的界面。

```
→ example28 ionic plugin ls
Updated the hooks directory to have execute permissions
com.ionic.keyboard 1.0.4 "Keyboard"
cordova-plugin-battery-status 1.1.0 "Battery"
cordova-plugin-console 1.0.1 "Console"
cordova-plugin-device 1.0.1 "Device"
cordova-plugin-splashscreen 2.1.0 "Splashscreen"
cordova-plugin-whitelist 1.0.0 "Whitelist"
```

图 7.8

在图 7.8 中，com.ionic.keyboard 是用点符号连接起来的，其余的插件名称则采用连字符连接。在你运行该命令后，你可能只会看到连字符号连接的插件。在我们测试电池状态插件之前，我们需要把插件应用到代码中。打开 www/js/app.js 文件。在 run 方法里的 ionicPlatform.ready 方法最后添加如下代码：

```
alert(device.model);

window.addEventListener("batterystatus", onBatteryStatus,false);

function onBatteryStatus(info) {
    // 处理 online 事件
    alert("Level: " + info.level + " isPlugged: " +info.isPlugged);
}
```

我们添加了一个弹出对话框来显示 device model（device model 将会使用到 cordova-plugin-device 插件），然后添加一个 event listener，这个 listener 将会在电池状态改变时通知我们（这个功能将会使用到 cordova-plugin-battery-status 插件）。

运行如下命令：

ionic serve

你应该看不到任何弹出框,如果你打开浏览器开发工具（F12）,你将会看到一个错误信息：device is not defined。

当我们没有在项目中添加平台支持的时候，我们不能直接在浏览器中运行这些插件。我们需要添加一个 browser 平台支持（类似于添加 iOS、Android 平台支持）到项目中，才能在浏览器中运行该插件。

是的，browser 是另一种平台，它类似于 Android 或者 iOS，cordova.js 也可以在

browser 平台上正常运行。`cordova.js` 是一个 JavaScript 库，它可以让你使用 JavaScript API 访问设备。这样，无论哪种类型的插件都能在 browser 平台中模拟运行。

让我们来测试一下设备和电池状态插件的功能，首先添加 browser 平台支持，运行如下命令：

`ionic platform add browser`

现在，我们可以在浏览器环境中运行这个应用了，运行如下命令：

`ionic run browser`

这个命令将在默认的浏览器中打开一个新的实例，现在你可以看到显示 device.model 值的弹出对话框了，通过开发者工具（F12），你将会看到如图 7.9 所示的页面。

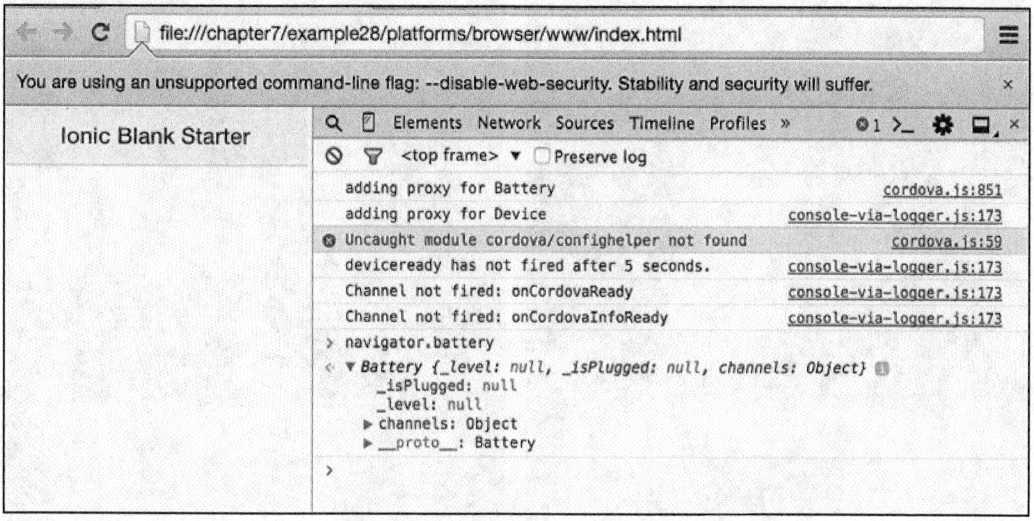

图 7.9

然而，在图 7.9 中，如果你在控制台中运行 `navigator.battery`，你将会看见 `battery` 对象属性的值都是 `null`。

为了正确地测试应用程序，我们也需要添加 Android 或者 iOS 平台支持。

针对 Android 平台，运行如下命令：

`ionic platform add android`

针对 iOS 平台，运行如下命令：

```
ionic platform add ios
```

然后执行下面任意一个命令：

- `ionic emulate android`
- `ionic emulate ios`
- `ionic run android`
- `ionic run ios`

你将看到如图 7.10 所示的信息。

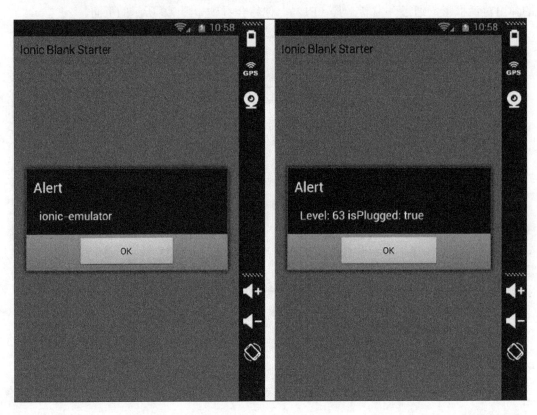

图 7.10

现在你知道了如何在 Ionic 工程中添加一个 Cordova 插件，在下一节，我们将了解 ngCordova 和它的一些插件。

提示：
图 7.10 是基于 Genymotion 的个人版本，这些图片仅仅是为了更清楚地描述问题。

7.5 Cordova whitelist 插件

在我们开始了解 ngCordova 之前，我们先了解一个比较重要的插件——whitelist 插件（https://github.com/apache/cordova-plugin-whitelist）。

下述文字摘录自 Cordova 文档：

"domain whitelisting 是一个安全模型，用于控制访问外部域名，它提供了一个可配置的安全策略，以确认哪些外部网站可以访问。"

如果你想要控制你的应用程序访问其他网站的内容，那么你应该使用 whitelist 插件。你可能已经注意到，这个插件已经添加到我们的 Ionic 工程了。如果还没有添加，就通过如下命令添加插件：

```
ionic plugin add cordova-plugin-whitelist
```

一旦成功添加插件，你可以在 `config.xml` 文件中添加白名单链接，这些链接是允许 App 在 webview 中访问的，你可以添加如下链接：

```
<allow-navigation href="http://example.com/*" />
```

如果想让 webview 访问任何网站，你可以添加如下链接：

```
<allow-navigation href="http://*/*" />
<allow-navigation href="https://*/*" />
<allow-navigation href="data:*" />
```

你可以添加一个 Intent whitelist，允许设备访问指定的链接列表。例如，允许打开短信应用程序：

```
<allow-intent href="sms:*" />
```

或者简单的 Web 页面：

```
<allow-intent href="https://*/*" />
```

你也可以在你的应用程序中强制使用 **Content Security Policy**（**CSP**），需要在 www/index.html 文件中添加 meta 标签，内容如下：

```
<!-- Allow XHRs via https only -->

<meta http-equiv="Content-Security-Policy" content="default-src
'self' https:">
```

上面是 Whitelist plugin 的简单介绍，这个插件适用于：

- Android 4.0.0 及以上；
- iOS 4.0.0 及以上。

> **提示：**
> 你需要添加插件并且配置它，否则 whitelist 插件将不能工作。
> 在第 6 章，我们创建了一个 BookStore App，确保安装配置了 whitelist 插件。否则，当你在设备上部署 App，该 App 无法如预期那样正常运行。

7.6 ngCordova

在前面的示例中，我们集成了一些插件并且采用 JavaScript API 方式来使用它们。你可能已经注意到，所有的插件都位于全局命名空间中，不像 AngularJS 采用依赖注入的方式，Cordova 的插件位于全局命名空间中，你可以从任何位置访问它。这可能也是一个问题，所以当你测试应用程序时最好采用依赖注入的方式。

所以，Ionic 团队对 Cordova 在插件上做了进一步封装，从而可以把插件功能以服务的方式注入进来。为了替代之前例子中使用 `device.model` 来获取设备属性的操作，我们将注入一个名为 `$cordovaDevice` 的服务，这样就可以使用 `$cordovaDevice.getModel` 方法来访问设备属性。

ngCordova 不是 Ionic 特有的，它可以被用于任何 Cordova 应用并且结合 AngularJS 一起使用。

在本书写作时，ngCordova 库已经有 71 个插件。

现在，让我们了解其中的一些 ngCordova 插件。

7.6.1 安装 ngCordova

在我们开始学习 ngCordova 之前，我们需要下载并且把它作为依赖添加进来，让我们构建一个 blank 模板的工程，然后测试一下，运行下面的命令：

```
ionic start -a "Example 29" -i app.example.twentynone example29 blank
```

接下来，我们将把 ngCordova 作为依赖添加到工程，进入 `example29` 目录，运行如下命令：

```
bower install ngCordova --save
```

要验证 ngCordova 是否正确地添加到工程，我们进入 `www/lib` 目录中，你应该可以看到一个名为 ngCordova 的目录，在这个目录里面，你应该可以找到一个名字为 `ng-cordova.min.js` 的文件。

接下来，我们需要添加一个 JavaScript 的引用，把 ngCordova 作为依赖添加到我们的工程。

打开 `www/index.html` 文件并且添加如下代码：

```
<!--ngCordova-->
<script src="lib/ngCordova/dist/ng-cordova.min.js"></script>
```

> 提示：
> ngCordova script 脚本应该放在 `ionic.bundle.js` 之后，并且放在 `cordova.js` 之前，如果规则被改变，你将会在控制台看到错误信息。

接下来，我们需要把 ngCordova 作为依赖添加到我们的模块中，打开 `www/js/app.js` 目录并且更新 angular 模块声明：

```
angular.module('starter', ['ionic', 'ngCordova'])
```

由于 `cordova-plugin-device` 已经预先安装，我们可以使用 `$cordovaDevice` 服务了。

在 `www/js/app.js` 文件中更新 run 方法，代码如下：

```
.run(function($ionicPlatform, $cordovaDevice) {
    $ionicPlatform.ready(function() {
```

```
        // Hide the accessory bar by default (remove this to show 
the accessory bar above the keyboard
        // for form inputs)
        if (window.cordova && window.cordova.plugins.Keyboard) {
            cordova.plugins.Keyboard.hideKeyboardAccessoryBar(true);
        }
        if (window.StatusBar) {
            StatusBar.styleDefault();
        }

        alert('Platform : ' + $cordovaDevice.getPlatform() + '\nModel
: ' + $cordovaDevice.getModel());
    });
})
```

我们将看到平台和设备信息的弹出框显示。

> **提示：**
> 任何处理插件的代码都应该放在$ionicPlatform.
> ready方法里。

7.6.2 说明

从现在开始，为 Ionic 应用添加平台支持，就意味着你可以运行如下命令：

ionic platform add android

或者运行：

ionic platform add ios

要添加 ngCordova 支持到 Ionic 工程，你可以运行如下命令：

bower install ngCordova --save

接下来，正如前面所做的那样，在 www/index.html 文件中引用 ng-cordova.min.js 文件，最终 ngCordova 将作为一个依赖添加到 AngularJS 模块。

当要在 Android 模拟器上运行 Ionic app，你可以运行如下命令：

ionic emulate android

或者在 iOS 模拟器上运行：

`ionic emulate ios`

最后要在 Android 平台运行 Ionic app，你可以运行如下命令：

`ionic run android`

或者在 iOS 平台运行：

`ionic run ios`

现在，添加平台支持到 `example29` 应用，并且在模拟器中运行它，你将会看到如图 7.11 所示的页面。

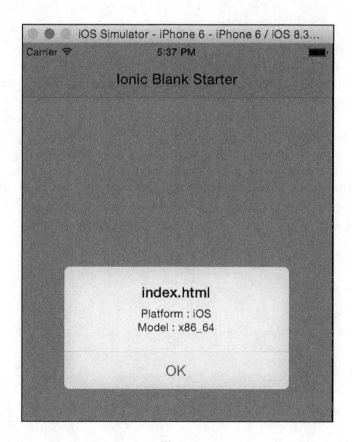

图 7.11

以上就是添加和使用 ngCordova 插件的完整例子,接下来,我们将学习使用 ngCordova 服务调用相关 Cordova 插件,我们将为每个被测试的插件创建一个新的项目,这样你就很容易地参考并理解它。

如果你正计划与我们一起实践,你也可以不这么做,你可以集成所有插件在一个工程里。

7.6.3 $cordovaToast 插件

我们要学习的第一个插件是 toast 插件,这个插件显示弹出层窗口,但它不会阻碍用户的操作。

我们将用下列命令构建一个空模板的 App。

```
ionic start -a "Example 30" -i app.example.thirty example30 blank
```

接下来,添加 ngCordova 支持,为了使用 toast API,我们需要添加 toast 插件到我们工程中,运行下面的命令:

```
ionic plugin add https://github.com/EddyVerbruggen/Toast-PhoneGap-Plugin.git
```

现在,我们将为每一个插件创建一个控制器,来替代之前使用 run 方法的方式。采用这种方式,当你取消插件的时候将非常容易。

打开 www/index.html 文件,在 body 标签上添加 ng-controller="ToastCtrl",然后我们将在 www/js/app.js 文件中添加 controller 的定义,如下面的这段代码所示:

```
.controller('ToastCtrl', ['$ionicPlatform', '$cordovaToast',
function($ionicPlatform, $cordovaToast) {

    $ionicPlatform.ready(function() {

        $cordovaToast
            .show('This is a long toast!', 'long', 'center')
            .then(function(success) {
              // success
            }, function(error) {
              // error
            });

    });

}])
```

现在，添加一个平台到 Ionic 应用程序并在模拟器中运行它，你将会看到如图 7.12 所示的页面。

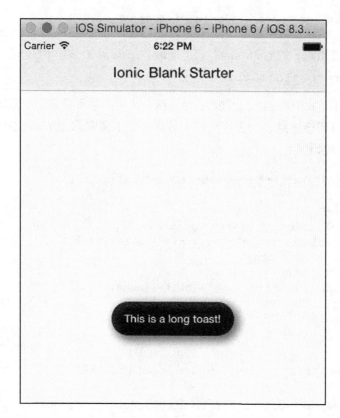

图 7.12

从以上例子中，我们了解了一些最基本的 API 的使用方法，在每个插件最后，会提供各插件的 API 链接，你可以通过链接查看支持插件的其他方法。

 提示：
查看更多信息，请访问 http://ngcordova.com/ docs/ plugins/toast/。

7.6.4　$cordovaDialogs 插件

接下来我们将了解 dialogs 插件，通过它可以使用警告、确认或者提示对话框。

为了测试 dialogs 插件，我们构建一个空模板的应用程序：

```
ionic start example31 blank
```

接下来，为工程添加 ngCordova 支持，同时添加 dialogs 插件到工程，运行下面命令：

```
ionic plugin add cordova-plugin-dialogs
```

然后我们创建 dialog 的 controller，打开 www/index.html 文件，在 body 标签上添加 ng-controller="DialogsCtrl"。

在这个例子中，我们将显示一个提示对话框，让用户填写信息，一旦用户填写了信息，我们将在屏幕上打印该信息。为了达到这个效果，我们需要修改 www/index.html 文件中的 body 部分，代码如下：

```
<body ng-app="starter" ng-controller="DialogsCtrl">

    <ion-pane>
        <ion-header-bar class="bar-stable">
          <h1 class="title">Ionic Blank Starter</h1>
        </ion-header-bar>
        <ion-content>
          <span class="padding">Hello {{name}}!!</span>
        </ion-content>
    </ion-pane>
</body>
```

我们将在 www/js/app.js 中添加 DialogsCtrl，代码如下：

```
.controller('DialogsCtrl', ['$ionicPlatform', '$scope',
'$cordovaDialogs', function ($ionicPlatform, $scope,
$cordovaDialogs) {
    $ionicPlatform.ready(function () {

        $cordovaDialogs.prompt('Name please?', 'Identity',
['Cancel', 'OK'], 'Harry Potter')
            .then(function (result) {
                if (result.buttonIndex == 2) {
                    $scope.name = result.input1;
                }
            });

    });
}])
```

接下来，为 Ionic 应用添加平台支持，并且在模拟器中运行它，如图 7.13 所示。

> 提示：
>
> 要了解更多的信息，请访问 http://ngcordova.com/ docs/plugins/dialogs/。

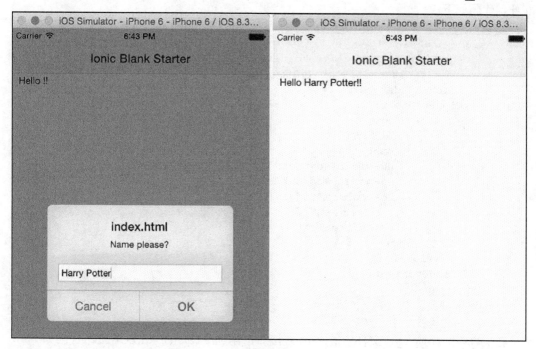

图 7.13

7.6.5 $cordovaFlashlight 插件

接下来我们将了解 cordovaFlashlight 插件，这个插件可以控制设备闪光灯的开和关。这个插件不能通过模拟器测试。

所以，你需要一台设备来测试它。

为了测试 flashlight 插件，我们构建一个空模板应用程序：

```
ionic start -a "Example 32" -i app.example.thirtytwo example32 blank
```

接下来，为工程添加 ngCordova 支持，同时添加 flashlight 插件到工程，运行下面命令：

```
ionic plugin add https://github.com/EddyVerbruggen/Flashlight-PhoneGap-Plugin.git
```

然后我们创建一个 flashlight 控制器，打开 www/index.html 文件，在 body 标签上添加 ng-controller="FlashlightCtrl"。

在这个例子中,我们将向用户显示一个切换开关的控件,然后根据它的状态,我们将切换闪光灯的开关状态。为了达到这个效果,我们将更新 www/index.html 文件的 body 部分,代码如下:

```html
<body ng-app="starter" ng-controller="FlashlightCtrl">
    <ion-pane>
        <ion-header-bar class="bar-stable">
            <h1 class="title">Ionic Blank Starter</h1>
        </ion-header-bar>
        <ion-content>
            <ion-list>
                <ion-item>
                    <ion-toggle
                    ng-disabled="notSupported"
                    ng-model="torch"
                    ng-change="toggleTorch()">
                        Torch
                    </ion-toggle>
                </ion-item>
            </ion-list>
        </ion-content>
    </ion-pane>
</body>
```

在 www/js/app.js 文件中的 run 方法后,添加 FlashlightCtrl,代码如下:

```js
.controller('FlashlightCtrl', ['$scope', '$ionicPlatform',
'$cordovaFlashlight', function($scope, $ionicPlatform,
$cordovaFlashlight) {

    $scope.notSupported = true;

    $ionicPlatform.ready(function() {

        $cordovaFlashlight.available().then(function(availability) {
            // availability = true || false
            $scope.notSupported = !availability;
        });

        $scope.toggleTorch = function() {

            if ($scope.notSupported) return;
```

```
            $cordovaFlashlight.toggle()
                .then(function(success) { /* success */ },
                    function(error) { /* error */ });
        }

    });

}])
```

首先我们检测插件是否可用，如果插件不可用，toggle 控件也将会处于不可用的状态。

当用户切换开关时，就会调用 toggletorch 方法，它将切换闪光灯的状态，在设备上运行该应用程序，将会看到如图 7.14 所示的页面。

图 7.14

如果你想验证切换开关是否被禁用，你可以在模拟器中运行该应用程序。

提示：
了解更多的信息，请访问 http://ngcordova.com/docs/plugins/flashlight/。

7.6.6 $cordovaLocalNotification 插件

接下来我们将了解 Notification 插件，这个插件主要用于通知或提醒用户 App 的活动状态。有时也会在后台显示通知，例如大文件上传。

我们首先构建一个空模板的应用程序，运行如下命令：

```
ionic start -a "Example 33" -i app.example.thirtythree example33 blank
```

接下来，为工程添加 ngCordova 支持，同时添加 notification 插件，运行如下命令：

```
ionic plugin add de.appplant.cordova.plugin.local-notification
```

在这个例子中，点击按钮后触发一个通知，显示用户在文本框中输入的信息。为了实现这个功能，我们添加一个名为 NotifCtrl 的 controller，然后添加文本输入框和按钮。

更新 www/index.html 文件中的 body 部分，代码如下：

```html
<body ng-app="starter" ng-controller="NotifCtrl">

    <ion-pane>
      <ion-header-bar class="bar-stable">
        <h1 class="title">Ionic Blank Starter</h1>
      </ion-header-bar>
      <ion-content>

        <div class="list">
          <label class="item item-input">
            <span class="input-label">Enter Notification text</span>
            <input type="text" ng-model="notifText">
          </label>
          <label class="item item-input">
            <button class="button button-dark" ng-click="triggerNotification()">
                Notify
            </button>
          </label>
        </div>

      </ion-content>
    </ion-pane>
</body>
```

在 www/js/app.js 文件中添加 NotifCtrl：

```
.controller('NotifCtrl', ['$scope', '$ionicPlatform',
'$cordovaLocalNotification', function($scope, $ionicPlatform,
```

```
$cordovaLocalNotification) {
   $ionicPlatform.ready(function() {

      $scope.notifText = 'Hello World!';

      $scope.triggerNotification = function() {

         $cordovaLocalNotification.schedule({
            id: 1,
            title: 'Dynamic Notification',
            text: $scope.notifText
         }).then(function(result) {
            console.log(result);
         });
      }
   });
}])
```

在模拟器中运行该 Ionic 应用程序,系统将会询问你是否允许授权。一旦授权通过,就能进行上述操作,发送通知(见图 7.15)。

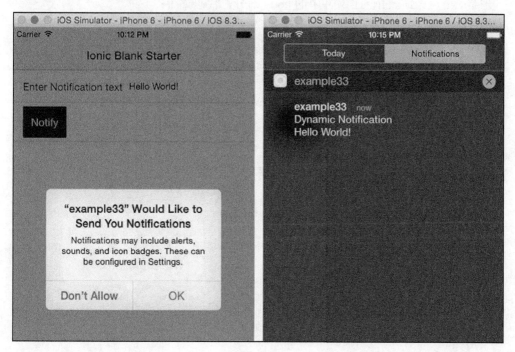

图 7.15

> **提示：**
> 获取更多信息，请访问：http://ngcordova.com/docs/plugins/localNotification/。

7.6.7 $cordovaGeolocation 插件

最后要了解的是地理位置的插件，这个插件可以获取当前设备的坐标。

我们将构建一个 blank 模板的应用，运行如下命令：

```
ionic start -a "Example 34" -i app.example.thirtyfour example34 blank
```

接下来，添加 ngCordova 支持到工程，同时添加 Geolocation 插件到工程，运行如下命令：

```
ionic plugin add cordova-plugin-geolocation
```

当应用程序运行时，将会获得设备的地理位置，在得到地理位置之前，会显示一个加载提示框，一旦加载完成，将会在页面上显示纬度、经度和位置精度。

更新 www/index.html 文件中的 body 部分，代码如下：

```html
<body ng-app="starter" ng-controller="GeoCtrl">

<ion-pane>
  <ion-header-bar class="bar-stable">
    <h1 class="title">Ionic Blank Starter</h1>
  </ion-header-bar>
  <ion-content>

    <ul class="list" ng-show="dataReceived">
      <li class="item">
        Latitude : {{latitude}}
      </li>

      <li class="item">
        Longitude : {{longitude}}
      </li>

      <li class="item">
        Accuracy : {{accuracy}}
      </li>
```

```
            </ul>

        </ion-content>
    </ion-pane>
</body>
```

接下来,在www/js/app.js 文件中添加 GeoCtrl:

```
.controller('GeoCtrl', ['$scope', '$ionicPlatform',
'$cordovaGeolocation', '$ionicLoading', '$timeout', function($scope,
$ionicPlatform, $cordovaGeolocation, $ionicLoading, $timeout) {
    $ionicPlatform.ready(function() {

        $scope.modal = $ionicLoading.show({
            content: 'Fetching Current Location...',
            showBackdrop: false
        });

        var posOptions = {
            timeout: 10000,
            enableHighAccuracy: false
        };
        $cordovaGeolocation
            .getCurrentPosition(posOptions)
            .then(function(position) {
                $scope.latitude = position.coords.latitude;
                $scope.longitude = position.coords.longitude;
                $scope.accuracy = position.coords.accuracy;
                $scope.dataReceived = true;
                $scope.modal.hide();
        }, function(err) {
            // error
            $scope.modal.hide();
            $scope.modal = $ionicLoading.show({
                content: 'Oops!! ' + err,
                showBackdrop: false
            });

            $timeout(function() {
                $scope.modal.hide();
            }, 3000);
        });
    });
}])
```

模拟器中运行应用程序，App 将会提示访问 Geolocation 的授权请求，一旦你允许授权，将看到如图 7.16 所示的页面。

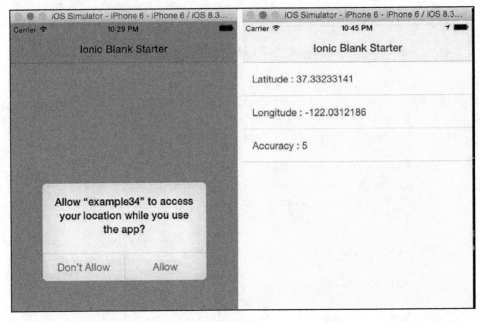

图 7.16

提示：
获取更多信息，访问 http://ngcordova.com/docs/plugins/geolocation/。

通过前面的这些例子，你可以了解如何使用 ngCordova。

提示：
你也可以获取其他关于 ngCordova 的文章，地址为 http://thejackalofjavascript.com/getting-started-withngcordova，在这里我们已经了解了一些插件，你能够在 http://ngcordova.com/docs/plugins/找到一个完整的插件列表。
使用 ngCordova，可以让你仅使用到包含的插件。要定制 ngCordova 请参考 http://ngcordova.com/build/。记住，在定制化后，你不能使用 bower install 来下载 ngCordova。

7.7 总结

在本章，我们已经了解了 ngCordova 插件，并且了解了如何在 Ionic 工程中使用它。我们建立了一个本地的 Android / iOS 开发环境，然后我们学习了如何在模拟器及真机设备中运行该应用程序。接着，我们了解了如何添加 Cordova 到 Ionic 工程中，以及如何使用它。最后，在 ngCordova 的辅助下，我们将插件作为依赖注入到 Ionic/Angular 应用程序，并以 Angular 的方式来使用它。

在下一章中，我们将要构建一个应用程序，它使用到了 Ionic、ngCordova 和 Firebase。

该应用程序是一个聊天应用程序，用户登录后，将会看到在线的用户，用户之间可以相互聊天、发送信息、照片和地理位置等信息。

聊天应用程序集成了 Ionic 和实时数据存储（例如 Firebase），同时借助于设备的功能，可以使用户之间获得更好的交流。

第 8 章
构建聊天 App

我们已经学习了创建移动混合 App 所需要了解的所有专题,在本章中我们将创建一个移动混合 app。我们将构建一个名为 Ionic Chat 的消息通信 App。我们构建的 Ionic Chat App 更关注的是集成设备功能,比如摄像头、定位,同时也关注和实时数据存储系统的交互,比如 Firebase。

我们将介绍以下主题:

- 了解 Firebase,设置 Firebase 账号;
- 理解 AngularFire;
- 理解应用程序架构;
- 构建 Ionic App;
- 安装所需的插件并集成到 Ionic App 中;
- 在设备中测试 App。

小技巧:
可以在 GitHub 查看本章的代码,提问并与作者探讨 (https://github.com/learning-ionic/Chapter-8)。

8.1 Ionic Chat App

我们在本章将构建名为 Ionic Chat 的 App。构建此 App 的主要目的是让你熟悉使用 AngularFire 和 Ionic 构建聊天应用程序,以及使用 ngCordova 集成 Cordova 插件到 Ionic 中。

首先我们将介绍Firebase，然后是AngularFire，最后讨论怎么把AngularFire集成到Ionic聊天应用程序中。我们将使用 Firebase 作为实时数据存储来管理应用中的数据。Firebase将处理实时的数据同步。我们也会联合使用oAuth Cordova 插件和 Firebase Auth 管理用户的权限。

一旦用户登录，他可以在首页看到所有在线用户。首页有三个标签，第二个标签页是和好友的历史聊天列表，第三个标签是用户设置和登出。

用户点击聊天列表中的好友名字后，可以打开聊天页面，从该聊天页面中可以看到聊天历史记录，同时也可以在该页面中发送文本信息、照片和地理位置给好友。

提示：
简单起见，我们展示所有在线用户。如果需要，你可以在在线用户列表页面添加"Add to Friends"功能。

8.1.1　Firebase

Firebase 是后端即服务（Backend As A Service，BAAS），它提供了基于云的后端服务，包括实时数据存储、用户授权和静态主机服务。

提示：
你可以通过 https://www.firebase.com/features.html 了解 Firebase。

为了更快地理解 Firebase 是怎么工作的，我们将阅读下面相关代码：

```
var ref = new Firebase("https://<YOUR-FIREBASE-
APP>.firebaseio.com");
ref.set({ name: "Arvind Ravulavaru" });
ref.on("value", function(data) {
  var name = data.val().name;
  alert("My name is " + name);
});
```

我们会在第一行实例化 Firebase（我们将在下一节构建）。实例化后，我们会把 json 文本存储在默认终端里。作为实时数据存储的 Firebase 通过事件驱动机制管理和同步数据。关于这个功能我们可以看代码的第三行，该行注册了一个监听事件，监听新数据传输到默认终端。

为了更好地理解第三行代码，我们假设用户 1 已经在数据存储中设置了初始值，同时注册了监听数据事件。用户 2 在浏览器加载了该脚本后,重新设置该值。这时候我们可以在用户 1 代码第三行中追踪到函数回调,将用户 2 更改的变量值推送给用户 1。

数据回调函数将会被调用,并把最新增加的数据传输给页面。同时 `data.val` 方法会返回最新增加的记录。

> **提示:**
> 你需要添加以下的 Firebase 代码到你的页面最前面,这样才能正常运行:
> ```
> <script
> src="https://cdn.firebase.com/js/client/2.2.2/
> firebase.
> js"></script>
> ```

1. 设置 Firebase 账号

可以通过以下两种方式创建新的 Firebase 账号:在 `https://www.firebase.com/signup/` 注册或者在 `https://www.firebase.com/login` 使用 GitHub 账号登录。

登录成功后将会跳转到个人中心页面 (`https://www.firebase.com/ account/#/`),在该页面可以增加新工程。你可以输入一个 app 名,Firebase 会告诉你该名称是否可用。比如你可以输入 ionic-chat-app,此名字已经被占用了(本章的 app 已经使用了该名字)。

你可以取个合适的名称,然后点击 Create New App。这将创建一个新的 app,并得到一个 Firebase URL。简单来说该 URL 是你账号的 API KEY。这是一种非常优雅的设计,能够让用户的请求非常方便地加上 API keys。

我们可以先实现相关代码来校验上述配置是否设置正确。创建一个名为 `chapter8` 的文件夹,在该文件夹下创建名为 `example35` 的文件夹。在 `example35` 文件夹下创建文件 `index.html`。

更新文件如下:

```html
<!DOCTYPE html>
<html>

<head>
    <title>Firebase Test Page</title>
    <script src="https://cdn.firebase.com/js/client/2.2.2/firebase.
```

```html
js"></
script>

</head>

<body>
    <input type="button" onclick="addNewName()" value="Add New Name">
    <br>
    <ul id="namesList"></ul>
    <script type="text/javascript">
    var ref = new Firebase("https://<YOUR-FIREBASE-APP>.firebaseio.com");

    ref.on('value', function(data) {
        var names = data.val();
        clearList();
        for (var n in names) {
            setName(names[n].name);
        }
    });

    function clearList() {
        document.querySelector('#namesList').innerHTML = '';
    }

    function setName(name) {
        var newName = document.createElement('li');
        newName.innerHTML = 'Name : <b>' + name + '</b>';
        document.querySelector('#namesList').appendChild(newName);
    }

    function addNewName() {
        var name = prompt('Enter Name');
        if (name) {
            //下面代码会将数据保存到Firebase数据存储中,
            //然后调用ref.on('value')回调函数
            ref.push({
                'name': name
            });
        }
    }
    </script>
```

```
</body>

</html>
```

在上面的例子中，我们在文件头部引用 Firebase 的源文件。在 body 标签内部，我们增加了按钮，点击该按钮后展现一个弹层，用户可以在该弹层输入自己的姓名。当用户输入名字后，该数据将保存到 Firebase 的默认 collection（一个数组）中。一旦数据存储后，`ref.on('value')` 事件会被调用。当回调函数被调用后，清除页面的 HTML，使用 `setName` 方法重新加载列表页的姓名数据。

你可以在浏览器打开一个新的 tab 页，然后再次打开相同页面。默认情况为先前添加的数据将会展示出来。你可以在 Firebase 添加更多数据，此时可以看到这两个页面的数据是和 Firebase 同步的。

接下来的例子展示了实时数据存储是如何工作的。你可以了解 Firebase 是如何嵌入到我们的聊天应用中的。

> **提示：**
> 当用户输入姓名后，我们没有直接显示用户姓名。而是先把数据存储到 Firebase，然后 Firebase 会触发 value 事件。在 value 回调函数内，我们把这些值显示给用户。你可以在 https://<your-firebase-url>.firebaseio.com 看到实时更新的数据。

如果你在 Firebase 切换到你的 App，你可以看到如图 8.1 所示的内容。

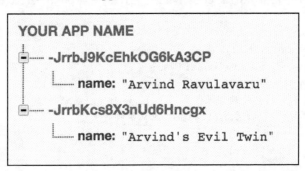

图 8.1

所有添加的名字都在你的 App 名下。

2. Angularfire

由于 Ionic 使用 AngularJS 作为客户端的 JavaScript 框架，我们将使用 AngularFire 和服务器端 Firebase 进行交互，AngularFire 是用 Angular 方式实现的。

我们将快速地看下 AngularFire 的用法，代码如下：

```
var app = angular.module("nameApp", ["firebase"]);
app.controller("NamesCtrl", function($scope, $firebaseArray) {
    var ref = new Firebase("https://<YOUR-FIREBASE-
APP>.firebaseio.com/names");
    //创建同步数组
    $scope.names = $firebaseArray(ref);

    $scope.addName = function() {
       $scope.names.$add({
          text: $scope.newName
       });
    };
});
```

首先我们构建一个新的 AngularJS app，把 Firebase 作为依赖加入其中。然后创建一个 controller，把`$firebaseArray`作为依赖嵌入其中。当 contorller 被调用后，我们会实例化指向 Firebase App 的对象。然后把数据存储在名为 names 的 subcollection 中，而不是存在 root collection 下。

把`$firebaseArray(ref)`的输出赋值给`$scope.names`，使得该数据能和服务器端同步。简单来说，如果存储在服务器端的数据发生变化，$scope 域中的变量值也会自动更新，同时也会在 view/template 中更新。这种方式也被称为 Three-Way Data binding。

> 提示：
> 你可以从下面网址中获取更多关于 Three-Way Data binding 的内容：https://www.firebase.com/blog/2013-10-04-firebase-angular-data-binding.html。

你需要在页面开始位置加入 Firebase、AngularJS 和 AngularFire 脚本文件，这样你的页面才能正常运行。

我们将实现一个简单的例子来了解下 AngularFire 是如何工作的。创建一个名为

examplse36 的文件夹，然后在该文件夹下创建名为 index.html 的文件。更新文件内容如下：

```html
<!DOCTYPE html>
<html>

<head>
    <title>AngularFire Test Page</title>
    <script src="https://cdn.firebase.com/js/client/2.2.2/firebase.js">
</script>
    <script src="https://ajax.googleapis.com/ajax/libs/angularjs/1.3.15/
angular.min.js"></script>
    <script src="https://cdn.firebase.com/libs/angularfire/1.1.1/angularfire.
min.js"></script>
</head>

<body ng-app="NamesApp" ng-controller="NamesCtrl">
    <input type="button" ng-click="addNewName()" value="Add New Name">
    <br>
    <ul>
        <li ng-repeat="n in names">
            Name : <b> {{n.name}} </b>
        </li>
    </ul>
    <script type="text/javascript">
    var app = angular.module("NamesApp", ["firebase"]);

    app.controller("NamesCtrl", function($scope, $firebaseArray) {
        var ref = new Firebase("https://<YOUR-FIREBASE-APP>.firebaseio.com/names");
        //创建一个同步数组
        $scope.names = $firebaseArray(ref);

        $scope.addNewName = function() {
            var name = prompt('Enter Name');
            if (name) {
                $scope.names.$add({
                    name: name
                });
            };
        }
```

```
        });
    </script>
</body>

</html>
```

在上面的例子中我们引用了 Firebase、AngularJS 和 AngularFire 源文件。

> 提示：
> 请注意：只有在加载 Firebase 和 AngularJS 后才能加载 AngularFire。

我们构建了名为 NameApp 的新模块，然后添加一个名为 NamesCtrl 的 controller。我们的 HTML 使用到了 ng-repeat，该 ng-repeat 会循环 scope 中的 names 数组。names 变量是和服务器端保持一致的同步数组。

当用户点击 Add New Name 按钮后，展示让用户输入姓名的弹层。名字输入后，我们会使用 $add 方法把新的数据对象传输到数据存储中。然后 Firebase 会负责处理数据同步。

打开链接 `https://<your-firebase-url>.firebaseio.com`，你会看到如图 8.2 所示的内容。

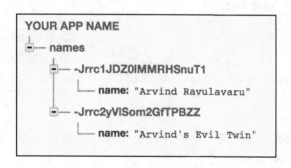

图 8.2

数据是保存到名为 names 的子对象中的。

> 提示：
> 在运行上面例子之前，我已经删除了旧的数据。如果你想用 Firebase 创建能够增删读写（CRUD）的程序，请查看以下链接：`http://thejackalofjavascript.com/getting-started-with-firebase/`。

8.2 应用程序架构

我们已经介绍了 Firebase 和 AngularFire，接下来去了解此 app 是怎么设计的。

如图 8.3 所示，我们使用 Firebase 作为数据存储。我们在 Ionic 应用程序端使用 AngularFire 和 Firebase 通信。Ionic 应用程序也会通过 ngCordova 集成 Cordova 插件，实现移动设备功能。

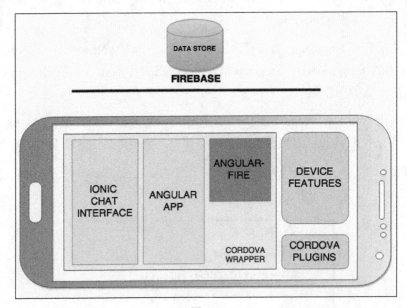

图 8.3

在我们构建的聊天应用程序中，Firebase 负责管理聊天数据。我们也会在 Firebase collection 中创建两个子 collection。

- Online users：存储所有在线的用户。
- Chats：存储两个用户间的聊天信息。

我们允许用户执行以下操作：

- 发送文本信息；
- 从相册中分享照片；
- 拍照并分享；

- 分享用户的地理位置。

我们会在 Firebase 中存储所有数据。你可能想知道图片是怎么存储的。我们先把图片转成 base64 格式，然后在 Firebase 中存储这些 base64 格式数据。在分享用户地址的功能中，我们只保存用户的坐标，然后把这些信息展示给其他用户。

> **提示：**
> 你也可以使用 Google Static Maps API 来分享坐标。
> 文档链接是 https://developers.google.com/maps/documentation/staticmaps/。

8.2.1 授权

我们将使用 Google Open ID 验证方式校验用户权限。我们也可以联合使用 ng-cordova-oauth Cordova 插件和 Firebase oAuth 来校验权限。Cordova 插件用来管理弹出认证框并获取 token。该 token 用来发送给 Firebase 并建立会话。这部分内容后面会讲解。

8.2.2 应用程序流程

当用户启动 App 后，我们首先看到是带有登录按钮的主页。

该应用程序当前只支持 google 账号登录。用户点击登录按钮后，页面将跳转到 Google 登录界面。一旦登录成功，该 App 将得到授权，此时转到第一个页面，该页面会将来自 Google oAuth 的 token 发送到 Firebase 并建立会话。然后用户将会看到有三个 tab 的页面。

Tab 1 包含所有在线用户。Tab 2 包含与当前用户通信过的用户列表。Tab 3 包含屏幕设置和登出选项。

当用户点击 Tab 1 或者 Tab 2 页面中的用户，页面将跳转至聊天详情页，该页展示了这两个用户间的所有聊天历史纪录。

我设计这 App 是基于以下两点考虑：一是简单，二是帮助你了解如何更好地完成移动混合应用的开发。

8.2.3 预览 App

在继续之前，我们先快速看一下最终输出页面。

该应用的登录界面如图 8.4 中的左图所示，带有 3 个选项卡的主界面如右图所示。

258 | 第 8 章 构建聊天 App

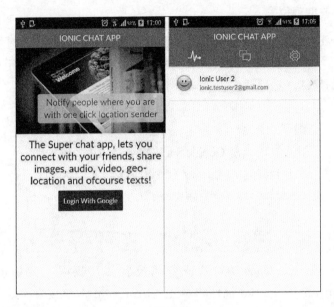

图 8.4

聊天界面如图 8.5 中的左图所示，用户用来分享地理位置的地图界面如右图所示。

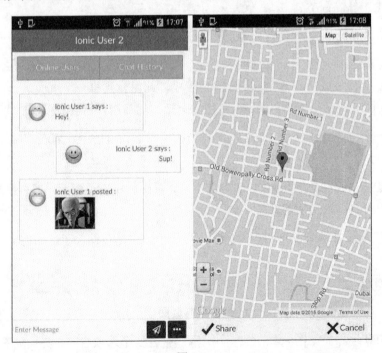

图 8.5

8.2.4 数据结构

当新的数据集添加到 collection 中，Firebase 会通知它的所有客户端。如果创建的是普通聊天室应用，连接到聊天室内的所有用户都会得到通知，此时我们不需要做额外的更改。

但是我们要实现的是点对点的聊天程序，我们必须实现管理用户间对话功能的逻辑。当用户登录后，我们会把当前用户信息更新到"Online Users" collection 中。该消息会通知所有在线的 App 用户。一旦有用户退出登录，我们会将该用户对象从"Online Users" collection 中移除。

提示：
我们使用 Firebase Authentication 来存储登录信息。你在 Forge 中看不到注册用户详细信息。

一旦用户登录，他将出现在在线用户列表中。如果用户 B 想与 A 聊天，我们得创建只有用户 A 和 B 交流的会话链接。

创建新的动态会话链接的逻辑有些复杂。步骤如下所示。

1. 识别用户 A 和用户 B 的邮件地址。
2. 对用户 A 和用户 B 的邮件地址用 hashing 函数处理，返回一个固定字符串，该字符串的值与用户的邮件地址顺序无关。
3. 使用该 hash 字符串在聊天 collection 中构建新的会话链接。
4. 如果用户 B 先和 A 开始聊天，该动态会话链接是由 B 构建的，当用户 B 给用户 A 发出第一条信息后，聊天 collection 上的监听事件将被触发。监听事件会校验聊天信息是否发送给当前登录用户，如果是，则会通知用户 A。

有点复杂，但是却有效。

提示：
我用相同逻辑实现了 node-webkit 桌面聊天应用。你可以从以下链接获取更多信息：http://thejackalofjavascript.com/one-to-one-chat-client/。

我们已经知道数据是如何组织的，下面我们将介绍使用到的 Cordova 插件。

8.2.5 Cordova 插件

我们将包含以下插件（不包括随着模板下载下来的插件）。

- `cordova-plugin-inappbrowser`：管理 google 授权。
- `cordova-plugin-media-capture`：拍照并分享。
- `com.synconset.imagepicker`：从相册中选取一张照片。
- `cordova-plugin-file`：把图片转成 base64 字符串时和文件系统通信。
- `cordova-plugin-geolocation`：获取用户的坐标。

我们将介绍每个插件。

8.2.6 Github 的代码

我已经把本章代码存储到 Github 上。你可以从以下链接下载 https://github.com/learning-ionic。如果遇到任何问题，你可以在 Github 提出，我会尽力解决。同时我也会修复读者发现的 bug。

8.3 开发应用程序

首先我们将构建和设置 App。

8.3.1 构建和设置 App

首先我们构建 tabs 模板的 App，执行以下命令：

```
ionic start -a "Ionic Chat App" -i app.ionic.chat ionic-chat-app tabs
```

使用 `cd` 命令切换到 `ionic-chat-app` 目录，执行以下命令：

```
ionic server
```

查看 tabs 模板 App。

使用 bower 安装该应用程序所需的依赖。在工程的根目录下执行以下命令：

```
bower install ngCordova ng-cordova-oauth firebase angularfire lato --save
```

这些 bower 组件的作用如下。

- `ngCordova`：ngCordova 库。
- `ng-cordova-oauth`：在本书写作的时候，ng-cordova-oauth 模块绑定 ngCordova

时有些问题，所以我们单独安装。但是当你看到这本书的时候，这个问题可能已经解决。

- `firebase`：Firebase 代码。
- `angularfire`：AngularFire 代码。
- `lato`：Lato 字体（https://www.google.com/fonts/specimen/Lato）。

>
> **提示：**
> 我已经在本地安装了 lato 字体，而不是从 google fonts 中下载的。这样能够确保设备在没有网络的时候字体是可用的。你也可以使用 localFont 实现 local storage Web font（https://github.com/jaicab/localFont），这样也能达到上述效果。

接下来我们要在工程中添加 SCSS 支持，执行以下命令：

```
ionic setup sass
```

接下来我们要引用所需的依赖。我们将按下列方式修改 `index.html`。

首先我们先看下 `ng-cordova` 和 `ng-cordova-oauth`。下面两个 `script` 标签是在 Ionic bundle 之后，在 `cordova.Js` 之前加载的。

```
<script src="lib/ngCordova/dist/ng-cordova.js"></script>
<script src="lib/ng-cordova-oauth/dist/ng-cordova-oauth.js"></script>
```

`cordova.Js` 之后，我们按顺序添加 Firebase 和 AngularFire 的引用：

```
<script src="lib/firebase/firebase.js"></script>
<script src="lib/angularfire/dist/angularfire.min.js"></script>
```

我们要添加指令来管理我们 App 中用到的地图功能。所以我们将创建一个指令，首先在 `index.Html` 中添加引用。

在 `services.js` 后添加以下 `script` 标签：

```
<script src="js/directives.js"></script>
```

接下来我们也需要引入 google 的 maps APIs。在 </head> 标签前添加以下 script：

```
<script src="https://maps.googleapis.com/maps/api/
js?key=AIzaSyDgE3k3per7m
f0qjZLWwlbMXQL1OhH-x44&sensor=true"></script>
```

提示：
在 Google Authentication 设置时我将演示如何获取 google apikey（在前面的 script 标签中用到）。

最后我们将添加 lato 字体。在 `ionic.app.css` 前，添加以下代码：

```
<link href="lib/lato/css/lato.min.css" rel="stylesheet">
```

提示：
随着时间推移，前面所述的引用地址有可能被更新，如果你发现资源引用地址不可用，请再次确认该资源地址。

我们把 body 标签内模块名从 `starter` 改成 `IonicChatApp`。接下来我们把 nav bar 类从 `bar-positive` 改成 `bar-stable`。

到此为止，我们完成了 `index.html` 的设置。

接下来，打开文件 `www/js/app.js`。由于我们已经在 index 页面更改了模块名字，我们也需要在 app.js 中更新模块名字。更新过的 AngularJS 模块定义如下：

```
angular.module('IonicChatApp', ['ionic', 'chatapp.controllers',
'chatapp.services', 'chatapp.directives', 'ngCordova',
'ngCordovaOauth', 'firebase'])
```

我们也更改了 controller 和 services 的命名空间，添加了命令模块、ngcordova、ngCordovaOauth 和 Firebase 的引用。

提示：
我们把 ngCordovaOauth 模块作为依赖引入，这是因为在写本书写作时 bundled 版本（ng-cordova.js）存在问题。如果你使用的 Cordova oAuth 插件版本没有问题，那么就不需要引入这个依赖。

8.3.2 安装所需的 Cordova 插件

安装所需的 Cordova 插件，运行如下命令并设置：

```
ionic plugin add https://github.com/wymsee/cordova-imagePicker.git
ionic plugin add cordova-plugin-file
ionic plugin add cordova-plugin-geolocation
ionic plugin add cordova-plugin-inappbrowser
ionic plugin add cordova-plugin-media-capture
```

8.3.3 获取 Google API key

由于我们使用 Google OAuth，我们需要一个 Client ID。通过以下步骤可以获取 Client ID。

1. 打开链接 `https://console.developers.google.com`。

2. 点击 Create project 并输入项目名字。

3. 一旦项目创建成功，点击项目打开。

4. 在左边的菜单栏，点击 APIs and auth，然后点击 Consent。填写所需的信息，其中产品名称是必填项。

5. 点击左边菜单栏中的 APIs and auth，然后点击 Credentials。

6. 点击 oAuth 下面的 Create new Client ID。

7. 选择以下选项。

    Application type as web application

    Authorized JavaScript origins as `http://localhost`

    Authorized redirect URIs as `http://localhost/callback`

8. 一旦所有的信息填写完毕，点击 Create Client ID，然后你可以看到该 Web 应用程序的 Client ID。

得到 Client ID 后，我们需要在 Firebase Forge 中更新。打开 Firebase App 页面，在页面的左边，你可以看到名为 Login and Auth 的菜单项，然后点击该菜单项。当右边页面刷新后，点击 Google tab，并填写你的 Google Client ID 和密码。

提示：
前面的步骤对于权限认证非常重要。

创建 API key 来访问 Google maps API,你可以执行以下步骤。

1. 在侧边栏菜单,点击 APIs and auth,然后点击 Credentials。
2. 点击 Public API Access 下面的 Create new Key。
3. 选择 browser key。
4. 保持 Accept requests from these HTTP referrers 文本字段为空。
5. 点击 Create。此时会生成新的 API key,你可以在 index.html 中更新该 key。
6. 在左侧边栏菜单中点击 APIs and auth,然后点击 APIs。
7. 搜索 Google Maps JavaScript APIv3 并点击。
8. 点击 Enable API 按钮。

我们已经有了 Client ID,我们将设置一些常量。在 www/js/app.js 文件内,我们将以下三个常量添加到 run 方法和 config 方法之间:

```
.constant('FBURL', 'https://ionic-chat-app.firebaseio.com/')
.constant('GOOGLEKEY', '1002599169952-
4uchn1c7ahm6ng4696p9tgr1adhsiqv5.apps.googleusercontent.com')
.constant('GOOGLEAUTHSCOPE', ['email'])
```

把 FBURL 替换成你的 Firebase 应用的 URL。把 Google key 替换成之前生成的 Client ID。在授权请求时,我们需要发送所需字段给 Google,这样我们才能获取到对应的信息。在我们的应用中,我们只需要用户的最基本信息,所以我们把 e-mail 作为所需字段。

8.3.4 设置路由和路由权限

我们已经构建了 tab 模板程序,该程序几乎包含了所需的路由。我们只会在已有的路由上做些更新并添加权限。如果权限认证失败,将不会展现页面给用户。我们使用 resolve 属性值来实现该功能。

提示:
我建议多了解 AngularJS 状态路由中的 resolve 属性。
该属性用于在加载 controller 前执行所指定的 promise。
这个功能对于加载 controller 前校验用户认证状态非常有用。你可以从以下链接获取更多信息:https://github.com/angular-ui/ui-router/wiki#resolve。

Firebase 在 `$firebaseAuth` 上有两个方法，如下所示。

- `$waitForAuth`：返回当前权限校验状态的 promise，只会在 home 路由中使用。
- `$requireAuth`：返回当前权限校验状态的 promise；可以在任何需要权限认证的路由上使用。

我们使用这两个方法来控制未授权的用户可以访问哪些页面，不可访问哪些页面。

我们将添加一个名为 main 的新路由。该路由作为默认路由，将负责我们程序的主页。在每个路由中我们将添加 resolve 属性，该属性通过 Firebase Auth 获取。同时我们也会修改 chat-detail 路由，使之不是 hats 的子路由。

更新的路由代码如下：

```
$stateProvider.state('main', {
        url: '/',
        templateUrl: 'templates/main.html',
        controller: 'MainCtrl',
        cache: false,
        resolve: {
            'currentAuth': ['FBFactory', 'Loader',
function(FBFactory, Loader) {
                Loader.show('Checking Auth..');
                return FBFactory.auth().$waitForAuth();
            }]
        }
    })
        .state('tab', {
        url: "/tab",
        abstract: true,
        cache: false,
        templateUrl: "templates/tabs.html"

    })
        .state('tab.dash', {
        url: '/dash',
        cache: false,
        views: {
            'tab-dash': {
                templateUrl: 'templates/tab-dash.html',
                controller: 'DashCtrl'
            }
        },
```

```javascript
            resolve: {
                'currentAuth': ['FBFactory', function(FBFactory) {
                    return FBFactory.auth().$requireAuth();
                }]
            }
        })
        .state('tab.chats', {
            url: '/chats',
            cache: false,
            views: {
                'tab-chats': {
                    templateUrl: 'templates/tab-chats.html',
                    controller: 'ChatsCtrl'
                }
            },
            resolve: {
                'currentAuth': ['FBFactory', function(FBFactory) {
                    return FBFactory.auth().$requireAuth();
                }]
            }
        })
        .state('tab.account', {
            url: '/account',
            cache: false,
            views: {
                'tab-account': {
                    templateUrl: 'templates/tab-account.html',
                    controller: 'AccountCtrl'
                }
            },
            resolve: {
                'currentAuth': ['FBFactory', function(FBFactory) {
                    return FBFactory.auth().$requireAuth();
                }]
            }

        })
        .state('chat-detail', {
          url: '/chats/:otherUser',
          templateUrl: 'templates/chat-detail.html',
          controller: 'ChatDetailCtrl',
          cache: false,
```

```
            resolve: {
                'currentAuth': ['FBFactory', 'Loader',
function(FBFactory, Loader) {
                    Loader.show('Checking Auth..');
                    return FBFactory.auth().$requireAuth();
                }]
            }
        });

$urlRouterProvider.otherwise('/');
```

讲述 factory 的时候，我们会设置上述代码片段中的 `FBFactory` 和 `Loader`。

> **提示：**
> 注意，这里我们把没有被定义的路径指向'/'。

如果 `$requireAuth` 返回的 promise 对象校验权限失败，意味着该页面需要授权而该用户没有获取到该权限。我们需要添加一个监听事件，监听该事件并跳转到登录页面。当 Firebase Auth 返回的 promise 校验权限失败，它会触发 `stateChangeError` 事件。我们会在 run 方法中监听该事件并跳转到主页。

下列将 `stateChangeError` 事件添加到 run 方法的 `$ionicPlatform.ready` 方法中：

```
$rootScope.$on('$stateChangeError', function(event, toState,
toParams, fromState, fromParams, error) {

if (error === 'AUTH_REQUIRED') {
    $state.go('main');
}
});
```

> **提示：**
> 不要忘记把 `$rootScope` 和 `$state` 注入到 run 方法中。

下面我们将使用 `$ionicConfigProvider` 设置一些默认值。

添加 `$ionicConfigProvider` 作为 config 方法的依赖。在 config 方法中添加以下代码：

```
$ionicConfigProvider.backButton.previousTitleText(false);
$ionicConfigProvider.views.transition('platform');
```

```
$ionicConfigProvider.navBar.alignTitle('center');
```

上述的配置不是必须的。这里只是举例说明如何使用$ionicConfigProvider。

8.3.5 创建 service/factory

我们已经设置好 app，接着讲述所需的 factory。我们将在文件 www/js/services.js 中添加 factory。你可以打开该文件并删除里面的内容。

首先我们添加 chatapp.services 模块，以及用于和 localStorage 通信的 factory。

```
angular.module('chatapp.services', [])

.factory('LocalStorage', [function() {
    return {
        set: function(key, value) {
            return localStorage.setItem(key,
JSON.stringify(value));
        },

        get: function(key) {
            return JSON.parse(localStorage.getItem(key));
        },

        remove: function(key) {
            return localStorage.removeItem(key);
        },
    };
}])
```

接下来我们将添加管理 Ionic loading service 的 factory：

```
.factory('Loader', ['$ionicLoading', '$timeout',
    function($ionicLoading, $timeout) {
        return {
            show: function(text) {
                //console.log('show', text);
                $ionicLoading.show({
                    content: (text || 'Loading...'),
                    noBackdrop: true
                });
            },
```

```
            hide: function() {
                //console.log('hide');
                $ionicLoading.hide();
            },

            toggle: function(text, timeout) {
                var that = this;
                that.show(text);

                $timeout(function() {
                    that.hide();
                }, timeout || 3000);
            }
        };
    }
])
```

我们也将构建一个和 Firebase 通信的 factory：

```
.factory('FBFactory', ['$firebaseAuth', '$firebaseArray', 'FBURL',
'Utils',
    function($firebaseAuth, $firebaseArray, FBURL, Utils) {
        return {
            auth: function() {
                var FBRef = new Firebase(FBURL);
                return $firebaseAuth(FBRef);
            },
            olUsers: function() {
                var olUsersRef = new Firebase(FBURL +
'onlineUsers');
                return $firebaseArray(olUsersRef);
            },
             chatBase: function() {
                var chatRef = new Firebase(FBURL + 'chats');
                return $firebaseArray(chatRef);
            },
            chatRef: function(loggedInUser, OtherUser) {
                var chatRef = new Firebase(FBURL + 'chats/chat_' +
Utils.getHash(OtherUser, loggedInUser));
                return $firebaseArray(chatRef);
```

```
              }
          };
      }
  ])
```

在前面代码片段中，olUsers 指向 Firebase 的 https://ionic-chat-app.firebaseio.com/ onlineUsers，chatBase 指向 https://ionic-chat-app.firebaseio.com/chats，chatRef 是指向动态创建的聊天会话链接（两个用户之间）。

我们将创建 UserFactory 来存储用户信息，包括在线用户和当前用户 ID。当前用户 ID 是 ID 对象，也是从 https://ionic-chat-app.firebaseio.com/onlineUsers 获取的。当用户下线后，系统会删除 onlineUsers collection 中该用户的对象。

```
.factory('UserFactory', ['LocalStorage', function(LocalStorage) {

    var userKey = 'user',
        presenceKey = 'presence',
        olUsersKey = 'onlineusers';

    return {
        onlineUsers: {},
        setUser: function(user) {
            return LocalStorage.set(userKey, user);
        },
        getUser: function() {
            return LocalStorage.get(userKey);
        },
        cleanUser: function() {
            return LocalStorage.remove(userKey);
        },
        setOLUsers: function(users) {
            //>>我们需要把用户数据当作对象来存储

            //我们失去 FB 的$方法

            //在 tab 页面切换时 onlineUsers 会变成 null，所以我们会备份到 LS
            LocalStorage.set(olUsersKey, users);
            return this.onlineUsers = users;
        },
        getOLUsers: function() {
            if (this.onlineUsers && this.onlineUsers.length > 0) {
                return this.onlineUsers
```

```
            } else {
                return LocalStorage.get(olUsersKey);
            }
        },
        cleanOLUsers: function() {
            LocalStorage.remove(olUsersKey);
            return onlineUsers = null;
        },
        setPresenceId: function(presenceId) {
            return LocalStorage.set(presenceKey, presenceId);
        },
        getPresenceId: function() {
            return LocalStorage.get(presenceKey);
        },
        cleanPresenceId: function() {
            return LocalStorage.remove(presenceKey);
        },
    };
}])
```

最后是一些工具方法：

```
.factory('Utils', [function() {
    return {
        escapeEmailAddress: function(email) {
            if (!email) return false
                //把'.'替换成','（在Firebase key中不允许使用）
            email = email.toLowerCase();
            email = email.replace(/\./g, ',');
            return email.trim();
        },
        unescapeEmailAddress: function(email) {
            if (!email) return false
            email = email.toLowerCase();
            email = email.replace(/,/g, '.');
            return email.trim();
        },
        getHash: function(chatToUser, loggedInUser) {
            var hash = '';
            if (chatToUser > loggedInUser) {
                hash = this.escapeEmailAddress(chatToUser) + '_' + this.escapeEmailAddress(loggedInUser);
            } else {
```

```
                hash = this.escapeEmailAddress(loggedInUser) + '_'
+ this.escapeEmailAddress(chatToUser);
            }
            return hash;
        },
        getBase64ImageFromInput: function(input, callback) {
            window.resolveLocalFileSystemURL(input,
function(fileEntry) {
                fileEntry.file(function(file) {
                    var reader = new FileReader();
                    reader.onloadend = function(evt) {
                        callback(null, evt.target.result);
                    };
                    reader.readAsDataURL(file);
                },
                function() {
                    callback('failed', null);
                });
            },
            function() {
                callback('failed', null);
            });
        }
    };
}])
```

getHash 方法把两个用户的 e-mail 地址转换成 hash 字符串。该字符串用来创建动态的会话链接。getBase64ImageFromInput 方法用来把图片转换成 base64 编码的字符串，并存到 Firebase 中。

到此我们完成了 factory 的创建。

8.3.6 创建 map 指令

我们可以让用户分享他们当前的地址，这个需要 map 指令来展示坐标。为了达到这个目的，我借用了 maps 模板 (https://github.com/driftyco/ionic-starter-maps/blob/master/js/directives.js) 中的 map 指令，并按所需做了一些修改。

www/js 文件夹下新增名为 directives.js 的文件。文件内容如下：

```
angular.module('chatapp.directives', [])

.directive('map', function() {
```

```javascript
    return {
        restrict: 'E',
        scope: {
            onCreate: '&'
        },
        link: function($scope, $element, $attr) {
            function initialize() {
                var lat = $attr.lat || 43.07493;
                var lon = $attr.lon || -89.381388;

                var myLatlng = new google.maps.LatLng(lat, lon);
                var mapOptions = {
                    center: myLatlng,
                    zoom: 16,
                    mapTypeId: google.maps.MapTypeId.ROADMAP
                };

                if ($attr.inline) {
                    mapOptions.disableDefaultUI = true;
                    mapOptions.disableDoubleClickZoom = true;
                    mapOptions.draggable = true;
                    mapOptions.mapMaker = true;
                    mapOptions.mapTypeControl = false;
                    mapOptions.panControl = false;
                    mapOptions.rotateControl = false;
                }

                var map = new google.maps.Map($element[0], mapOptions);

                //自定义函数控制标志
                map.__setMarker = function(map, lat, lon) {
                    var marker = new google.maps.Marker({
                        map: map,
                        position: new google.maps.LatLng(lat, lon)
                    });
                }

                $scope.onCreate({
                    map: map
                });
```

```
        map.__setMarker(map, lat, lon);
      }

      if (document.readyState === 'complete') {
        initialize();
      } else {
        google.maps.event.addDomListener(window, 'load',
initialize);
      }
    }
  }
});
```

为了让 map 指令可以在聊天会话框或者弹层中展示出来，我们用到了 map 指令的 inline 属性。在上述代码中，我还在地图上显示了一个坐标标记。

8.3.7 创建 controller

现在我们将为每个路由创建 controller。打开文件 www/js/controller.js 并删除里面的代码。我们将添加名为 chatapp.controllers 的模块。

```
angular.module('chatapp.controllers', [])
```

我们将在 chatapp.controllers 模块里设置一个 run 方法。run 方法包含监听聊天信息的逻辑。我们保持着 chats base URL 的长链接并持续监听。如果一个新的对话被创建了或者对话内容有更改，我们将校验该会话信息是否需要发送给当前用户。如果是，我们将广播一条 newChatHistory 事件，该事件会在聊天历史列表 tab 中被使用，代码如下：

```
.run(['FBFactory', '$rootScope', 'UserFactory', 'Utils',
    function(FBFactory, $rootScope, UserFactory, Utils) {

    $rootScope.chatHistory = [];
    var baseChatMonitor = FBFactory.chatBase();
    var unwatch = baseChatMonitor.$watch(function(snapshot) {
        var user = UserFactory.getUser();

        if (!user) return;

        if (snapshot.event == 'child_added' || snapshot.event
== 'child_changed') {
            var key = snapshot.key;
```

```
                    if (key.indexOf(Utils.escapeEmailAddress(user.email))
>= 0) {
                        var otherUser = snapshot.key.replace(/_/g,
'').replace('chat', '').replace(Utils.escapeEmailAddress(user.email),
'');
                        if ($rootScope.chatHistory.join('_').
indexOf(otherUser) === -1) {
                            $rootScope.chatHistory.push(otherUser);
                        }
                        $rootScope.$broadcast('newChatHistory');
                        /*
                         * TODO: PRACTICE
                         * Fire a local notification when a new chat
comes in.
                         */
                    }
                }
            });
        }
])
```

> **提示**：为了让读者更好地理解，我没有实现本地通知，需要你来完成。本地通知包含消息和用户来源。当点击该通知，页面跳转到用户的聊天页面。

接下来讲述 MainCtrl。MainCtrl 是程序的主页面的 controller。把以下 MainCtrl 的定义添加到文件 www/js/controllers.js 中：

```
.controller('MainCtrl', ['$scope', 'Loader', '$ionicPlatform',
'$cordovaOauth', 'FBFactory', 'GOOGLEKEY', 'GOOGLEAUTHSCOPE',
'UserFactory', 'currentAuth', '$state',

    function($scope, Loader, $ionicPlatform, $cordovaOauth,
FBFactory, GOOGLEKEY, GOOGLEAUTHSCOPE, UserFactory, currentAuth,
$state) {
        $ionicPlatform.ready(function() {
            Loader.hide();
            $scope.$on('showChatInterface', function($event,
authData) {
```

```javascript
            if (authData.google) {
                authData = authData.google;
            }
            UserFactory.setUser(authData);
            Loader.toggle('Redirecting..');
            $scope.onlineusers = FBFactory.olUsers();

            $scope.onlineusers.$loaded().then(function() {
                $scope
                    .onlineusers
                    .$add({
                        picture: authData.cachedUserProfile.picture,
                        name: authData.displayName,
                        email: authData.email,
                        login: Date.now()
                    })
                    .then(function(ref) {
                        UserFactory.setPresenceId(ref.key());
                        UserFactory.setOLUsers($scope.onlineusers);
                        $state.go('tab.dash');
                    });
            });
            return;
        });

        if (currentAuth) {
            $scope.$broadcast('showChatInterface', currentAuth.google);
        }

        $scope.loginWithGoogle = function() {
            Loader.show('Authenticating..');
            $cordovaOauth.google(GOOGLEKEY, GOOGLEAUTHSCOPE).then(function(result) {
                FBFactory.auth().
                    $authWithOAuthToken('google',result.access_token)

                .then(function(authData) {
                    $scope.$broadcast('showChatInterface', authData);
                }, function(error) {
                    Loader.toggle(error);
```

```
                });
            }, function(error) {
                Loader.toggle(error);
            });
        }

    });
}
])
```

当路由的 resolve 的方法被执行后,我们会获取到 currentAuth 值,并注入到 MainCtrl 中。当用户登录后 currentAuth 值为 auth 对象,否则值为 null。

在$scope 中注册了 showChatInterface 事件。当用户登录后(currentAuth 值非 null)会调用该事件。该事件触发后,我们会用 UserFactory.setUser 方法把用户数据存在 localStorage。然后我们将发出获取所有在线用户的请求。得到用户列表后,我们把当前用户的信息添加到 onlineUsers collection。最后我们调用 setPresenceId 和 setOLUsers 方法把用户信息存到 localStorage 中,同时将用户重定向到聊天页面。

当用户点击 Login with Google 时会触发$scope.loginWithGoogle 方法。之前我已经说明如何引入 Firebase Auth 和 cordovaOauth 插件并联合使用它们。如果你觉得复杂,可以直接使用 Firebase Auth 登录。

一旦认证成功,我们将广播 showChatInterface 事件,该事件会保存数据并跳转到相应页面。

提示:
在本例中我只实现了 Google OAuth,你可以实现其他的授权方式。

一旦用户成功登录,将被重定向到 tab 页面。默认的 tab 是 dashboard,该页面的 controller 是 DashCtrl。

DashCtrl 是用来获取在线用户数据并显示,DashCtrl 代码如下:

```
.controller('DashCtrl', ['$scope', 'UserFactory',
'$ionicPlatform', '$state', '$ionicHistory',
    function($scope, UserFactory, $ionicPlatform, $state,
$ionicHistory) {
        $ionicPlatform.ready(function() {
            $ionicHistory.clearHistory();
```

```
        $scope.users = UserFactory.getOLUsers();
        $scope.currUser = UserFactory.getUser();
        var presenceId = UserFactory.getPresenceId();

        $scope.redir = function(user) {
            $state.go('chat-detail', {
                otherUser: user
            });
        }

    });
}
])
```

> **提示：**
> 在上述的 controller 中我添加了 $ionicHistory.clearHistory 方法。因为我们想确保以下效果的实现：用户成功登录后，会看到 tab 页面，此时如果用户点击 Android 设备上的返回按钮，用户不会回到之前的登录页面而是退出应用程序。所以我们使用 $ionicHistory.clearHistory 方法清除历史记录，此时如果点击 Android 设备的返回按钮则会退出 App。

接下来讲述中间的 tab，该页面显示的是历史聊天列表。在本例中我们不会保存用户信息，而是从 auth 对象中获取数据并展现。我们也用同样的策略展示用户信息。用户对象数据是从在线用户列表中获取的。

ChatsCtrl 代码如下：

```
.controller('ChatsCtrl', ['$scope', '$rootScope', 'UserFactory',
'Utils', '$ionicPlatform', '$state', function($scope, $rootScope,
UserFactory, Utils, $ionicPlatform, $state) {
    $ionicPlatform.ready(function() {
        $scope.$on('$ionicView.enter', function(scopes, states) {
            var olUsers = UserFactory.getOLUsers();

            $scope.chatHistory = [];
            $scope.$on('AddNewChatHistory', function() {
                var ch = $rootScope.chatHistory,
                    matchedUser;
```

```
                for (var i = 0; i < ch.length; i++) {
                    for (var j = 0; j < olUsers.length; j++) {
                        if (Utils.escapeEmailAddress(olUsers[j].email)
== ch[i]) {
                            matchedUser = olUsers[j];
                        }
                    };
                    if (matchedUser) {
                        $scope.chatHistory.push(matchedUser);
                    } else {
                        $scope.chatHistory.push({
                            email: Utils.unescapeEmailAddress(ch[i]),
                            name: 'User Offline'
                        })
                    }
                };

            });
            $scope.redir = function(user) {
                $state.go('chat-detail', {
                    otherUser: user
                });
            }
            $rootScope.$on('newChatHistory', function($event) {
                $scope.$broadcast('AddNewChatHistory');
            });
            $scope.$broadcast('AddNewChatHistory');
        })
    });
}])
```

提示：
注意这里的 `matchedUser` 对象。若用户不在在线用户列表中，但是当前用户曾经和该用户会话过，则会被设置成离线状态。

我们保持监听在 run 方法中广播的 newChatHistory 事件。最终，如果用户点击页面上的用户名，我们就将 App 重定向到 chat-detail 页面。

接下来讲述交互最多的页面，该页面是用户间会话的页面。该页面的 controller 代码太多，不能在文章中全部展示。在这里我会将该 controller 代码按照逻辑进行分段，并讲解。

首先我们添加 controller 定义和它的依赖：

```
.controller('ChatDetailCtrl', ['$scope', 'Loader',
'$ionicPlatform', '$stateParams', 'UserFactory', 'FBFactory',
'$ionicScrollDelegate', '$cordovaImagePicker', 'Utils',
'$timeout', '$ionicActionSheet', '$cordovaCapture',
'$cordovaGeolocation', '$ionicModal',
    function($scope, Loader, $ionicPlatform, $stateParams,
UserFactory, FBFactory, $ionicScrollDelegate, $cordovaImagePicker,
Utils, $timeout, $ionicActionSheet, $cordovaCapture,
$cordovaGeolocation, $ionicModal) {
$ionicPlatform.ready(function() {
Loader.show('Establishing Connection...');
        //添加 controller 代码
});
}])
```

这里有很多的依赖。

接下来，我们获取 `chatToUser` 变量，并将其添加到 scope。完成这些后，我们连接到 Firebase 的动态会话链接。下列代码将加到 `ChatDetailCtrl` 中：

```
$scope.chatToUser = $stateParams.otherUser;
$scope.chatToUser = JSON.parse($scope.chatToUser);
$scope.user = UserFactory.getUser();

$scope.messages = FBFactory.chatRef($scope.user.email,
$scope.chatToUser.email);
$scope.messages.$loaded().then(function() {
    Loader.hide();
    $ionicScrollDelegate.scrollBottom(true);
});
```

我们使用 `$ionicScrollDelegate` service 来滚动页面到底部。接下来我们添加一个方法，该方法用于将聊天信息添加到 Firebase 中。

```
function postMessage(msg, type, map) {
        var d = new Date();
        d = d.toLocaleTimeString().replace(/:\d+ /, ' ');
        map = map || null;
        $scope.messages.$add({
```

```
            content: msg,
            time: d,
            type: type,
            from: $scope.user.email,
            map: map
        });

        $scope.chatMsg = '';
        $ionicScrollDelegate.scrollBottom(true);
    }
```

当用户输入文本信息并点击 Send 时，将调用 sendMessage 方法：

```
$scope.sendMessage = function() {
            if (!$scope.chatMsg) return;
            var msg = '<p>' + $scope.user.cachedUserProfile.name
+ ' says : <br/>' + $scope.chatMsg + '</p>';
            var type = 'text';
            postMessage(msg, type);
        }
```

我们使用 Action Sheet service 来展示列表选项，比如分享照片、拍照和分享位置：

```
$scope.showActionSheet = function() {
            var hideSheet = $ionicActionSheet.show({
                buttons: [{
                    text: 'Share Picture'
                }, {
                    text: 'Take Picture'
                }, {
                    text: 'Share My Location'
                }],
                cancelText: 'Cancel',
                cancel: function() {
                    //添加取消代码
                    Loader.hide();
                },
                buttonClicked: function(index) {
                    //点击分享照片
                    if (index === 0) {
                        Loader.show('Processing...');
                        var options = {
```

```
                            maximumImagesCount: 1
                        };
                        $cordovaImagePicker.getPictures(options)

                        .then(function(results) {
                            if (results.length > 0) {
                                var imageData = results[0];
                                Utils.getBase64ImageFromInput(
imageData, function(err, base64Img)
{
                                    //处理图片字符串
                                    postMessage('<p>' +
$scope.user.cachedUserProfile.name + ' posted : <br/><img
class="chat-img" src="' + base64Img + '">', 'img');
                                    Loader.hide();
                                });
                            }
                        }, function(error) {
                            //获取图片出错
                            console.log('error', error);
                            Loader.hide();
                        });
                    }
                    //点击拍照
                    else if (index === 1) {
                        Loader.show('Processing...');
                        var options = {
                            limit: 1
                        };


$cordovaCapture.captureImage(options).then(function(imageData) {


                            Utils.getBase64ImageFromInput(imageDa
ta[0].fullPath, function(err,
base64Img) {
                                //处理图片字符串
                                postMessage('<p>' + $scope.user.
cachedUserProfile.name + ' posted : <br/><img class="chat-img" src="'
+ base64Img + '">', 'img');
                                Loader.hide();
                            });
```

```
                    }, function(err) {
                        console.log(err);
                        Loader.hide();
                    });
                }

    //点击分享我的位置
    else if (index === 2) {
                    $ionicModal.fromTemplateUrl('templates/
    map-modal.html', {
                        scope: $scope,
                        animation: 'slide-in-up'
                    }).then(function(modal) {
                        $scope.modal = modal;
                        $scope.modal.show();
                        $timeout(function() {
                            $scope.centerOnMe();
                        }, 2000);
                    });
                }
                return true;
            }
        });
    }
```

当从 Action Sheet 中选择了一个选项，判断 index 的值，有以下几种情况。

- `Index = 0`：调用`$cordovaImagePicker service` 让用户选择照片。当用户选好照片，调用 `Utils.getBase64ImageFromInput` 方法获取 base64 字符串。然后用 `postMessage` 方法把信息发送给 Firebase。
- `index = 1`：调用`$cordovaCapture service` 的 `captureImage` 方法拍照，把图片转换成 base64 并存储到 Firebase。
- `index = 2`：调用 Ionic Modal，该模块包含地图，用于获取用户的当前位置。

为了在弹层中显示地图，我们需要在 scope 上定义一些方法：

```
$scope.mapCreated = function(map) {
            $scope.map = map;
        };
```

```
            $scope.closeModal = function() {
                $scope.modal.hide();
            };

            $scope.centerOnMe = function() {
                if (!$scope.map) {

                    return;
                }

                Loader.show('Getting current location...');
                var posOptions = {
                    timeout: 10000,
                    enableHighAccuracy: false
                };
                $cordovaGeolocation.getCurrentPosition(posOptions).then(function(pos) {

                    $scope.user.pos = {
                        lat: pos.coords.latitude,
                        lon: pos.coords.longitude
                    };
                    $scope.map.setCenter(new google.maps.LatLng($scope.user.pos.lat, $scope.user.pos.lon));
                    $scope.map.__setMarker($scope.map, $scope.user.pos.lat, $scope.user.pos.lon);
                    Loader.hide();

                }, function(error) {
                    alert('Unable to get location, please enable GPS to continue');
                    Loader.hide();
                    $scope.modal.hide();
                });
            };

            $scope.selectLocation = function() {
                var pos = $scope.user.pos;

                var map = {
                    lat: pos.lat,
                    lon: pos.lon
                };
```

```
                var type = 'geo';

                postMessage('<p>' + $scope.user.cachedUserProfile.name
+ ' shared : <br/>', type,
map);
                $scope.modal.hide();
            }
```

当地图被创建时，`mapCreated` 方法将被调用。`closeModal` 方法被用来关闭弹层。`centerOnMe` 方法在地图初始化的时候被调用，该方法使用 `cordovaGeolocation.getCurrentPosition` 方法获取用户当前坐标。一旦获得坐标，地图上将会显示一个标记。如果`$cordovaGeolocation.getCurrentPosition` 不能获取坐标，我们会提示用户打开 GPS。

如果你实际完成了上述步骤，你将会对该示例有更深的理解。

最后讲述的是 `AccountCtrl`，该 controller 是 `tab3` 使用的。该 controller 包含了管理用户登出的方法：

```
.controller('AccountCtrl', ['$scope', 'FBFactory', 'UserFactory',
'$state',
    function($scope, FBFactory, UserFactory, $state) {

        $scope.logout = function() {
            FBFactory.auth().$unauth();
            UserFactory.cleanUser();
            UserFactory.cleanOLUsers();
            //删除信息
            var onlineUsers = UserFactory.getOLUsers();
            if (onlineUsers && onlineUsers.$getRecord) {
                var presenceId = UserFactory.getPresenceId();
                var user = onlineUsers.$getRecord();
                onlineUsers.$remove(user);
            }
            UserFactory.cleanPresenceId();
            $state.go('main');
        }

    }
]);
```

提示：
你可以自己实现一些功能点，比如展示通知、播放声音等。

8.3.8 创建模板

我们已经完成了所有 JavaScript 代码，接下来为每个 view 实现模板。所有的 view 都实现得很有逻辑性，利于理解。

首先，我们在文件夹 www/templates 中创建名为 main.html 的文件。www/templates/main.html 文件内容如下：

```
<ion-view view-title="IONIC CHAT APP" cache-view="false">
    <ion-content>
        <ion-slide-box does-continue="true" auto-play="true" show-pager="false">
            <ion-slide>
                <label class="t-r">Share Photos seamlessly between family & Friends</label>
                <img src="http://placeimg.com/640/480/tech/grayscale" />
            </ion-slide>
            <ion-slide>
                <label class="c-c">Simple One click login to start the fun!!</label>
                <img src="http://placeimg.com/640/480/people/sepia" />
            </ion-slide>
            <ion-slide>
                <label class="b-r">Notify people where you are with one click location sender</label>
                <img src="http://placeimg.com/640/480/tech/sepia" />
            </ion-slide>
        </ion-slide-box>
        <div class="text-center padding">
            <h3>The Super chat app, lets you connect with your friends, share images, audio, video, geo-location and ofcourse texts!</h3>
            <button class="button button-dark" ng-click="loginWithGoogle()">
```

```
            Login With Google
        </button>
      </div>
   </ion-content>
</ion-view>
```

接下来是 www/templates/tabs.html 文件。用以下的内容替换文件内容：

```
<ion-tabs class="tabs-striped tabs-top tabs-background-positive tabs-color-light">
   <!-- Dashboard Tab -->
   <ion-tab title="IONIC CHAT APP" icon-off="ion-ios-pulse" icon-on="ion-ios-pulse-strong" href="#/tab/dash">
      <ion-nav-view name="tab-dash"></ion-nav-view>
   </ion-tab>

   <!-- Chats Tab -->
   <ion-tab title="IONIC CHAT APP" icon-off="ion-ios-chatboxes-outline" icon-on="ion-ios-chatboxes" href="#/tab/chats">
      <ion-nav-view name="tab-chats"></ion-nav-view>
   </ion-tab>

   <!-- Account Tab -->
   <ion-tab title="IONIC CHAT APP" icon-off="ion-ios-gear-outline" icon-on="ion-ios-gear" href="#/tab/account">
      <ion-nav-view name="tab-account"></ion-nav-view>
   </ion-tab>
</ion-tabs>
```

接下来是 www/templates/tab-dash.html 文件。用下面的内容替换文件内容：

```
<ion-view view-title="IONIC CHAT APP">
   <ion-content>
      <ion-list>
         <ion-item ng-show="users.length == 1">
            <h3 class="text-center padding">Looks like no one is online</h3>
         </ion-item>
         <ion-item class="item-avatar item-icon-right" ng-repeat="user in users | filter:search:user" ng-if="user.email != currUser.email" ng-click="redir('{{user}}')">
            <img ng-src="{{user.picture}}">
```

```
            <h2>{{user.name}}</h2>
            <p>{{user.email}}</p>
            <i class="icon ion-chevron-right icon-
accessory"></i>
        </ion-item>
    </ion-list>
  </ion-content>
</ion-view>
```

接下来是第二个 tab 页——www/templates/tab-chats.html 文件。用下面的内容替换文件内容：

```
<ion-view view-title="IONIC CHAT APP">
    <ion-content>
        <ion-list>
            <ion-item ng-show="chatHistory.length == 0">
                <h3 class="text-center padding">Looks like there is no chat history</h3>
            </ion-item>
            <ion-item class="item-icon-right item-icon-left" ng-class="{'item-avatar' : user.picture}" ng-repeat="user in chatHistory | filter:search:user" ng-if="user.email != currUser.email" ng-click="redir('{{user}}')">
                <img ng-src="{{user.picture}}" ng-show="user.picture">
                <h2>{{user.name}}</h2>
                <p>{{user.email}}</p>
                <i class="icon ion-chevron-right icon-
accessory"></i>
            </ion-item>
        </ion-list>
    </ion-content>
</ion-view>
```

接下来是第三个 tab 页——www/templates/tab-account.html 文件。用下面的内容替换文件内容：

```
<ion-view view-title="IONIC CHAT APP">
    <ion-content has-header="true">
        <ion-list>
            <!-- Uncomment below if you would like to add
```

```
preferences to the app -->
            <!-- <ion-item>
                <ion-toggle ng-change="updatePreference()" ng-model="preference.notification" toggle-class="toggle-positive">Show Notifications</ion-toggle>
            </ion-item> -->
            <ion-item>
                <button class="button button-dark button-block" ng-click="logout()">
                    Logout
                </button>
            </ion-item>
        </ion-list>
    </ion-content>
</ion-view>
```

接下来是交互最多的页面——www/templates/chat-detail.html 文件。用下面的内容替换文件内容：

```
<ion-view view-title="{{chatToUser.name}}">
    <ion-pane>
        <ion-content class="has-header padding">
            <div class="button-bar">
                <a class="button button-calm" ui-sref="tab.dash">Online Users</a>
                <a class="button button-calm" ui-sref="tab.chats">Chat History</a>
            </div>
            <br>
            <ion-list>
                <ion-item ng-show="messages.length == 0">
                    <h3 class="text-center">No messages yet!</h3>
                </ion-item>
                <ion-item class="item-avatar" ng-repeat="message in messages" ng-class="{left : message.from == user.email, right : message.from != user.email}">
                    <img ng-src="{{user.cachedUserProfile.picture}}" ng-if="message.from == user.email">
                    <img ng-src="{{chatToUser.picture}}" ng-if="message.from != user.email">
```

```
            <p ng-bind-html="message.content"></p>
            <map inline="true" class="inline-map"
lat="{{message.map.lat}}" lon="{{message.map.lon}}" ng-
if="message.map.lat && message.map.lon">
          </ion-item>
          <div class="padding-bottom"></div>
      </ion-list>
    </ion-content>
    <ion-footer-bar class="bar-footer">
        <input class="footerInput" type="text"
placeholder="Enter Message" ng-model="chatMsg">
        <button class="button button-dark icon-left ion-
paper-airplane" ng-click="sendMessage();"></button>
        <button class="button button-dark icon-left ion-more"
ng-click="showActionSheet();"></button>
    </ion-footer-bar>
  </ion-pane>
</ion-view>
```

注意:
我们使用了 map 指令,并把 inline 的属性设置成 true。

当用户选择分享地址,我们会展示地图模块。现在我们创建这个模块。

在 www/templates 文件夹下新增名为 map-modal.html 的文件并更新如下:

```
<ion-modal-view>
    <ion-content scroll="false">
        <map on-create="mapCreated(map)"></map>
    </ion-content>
    <ion-footer-bar class="bar-stable">
        <a ng-click="selectLocation()" class="button button-icon
icon ion-checkmark">Share</a>
        <a ng-click="closeModal()" class="button button-icon icon
ion-close">Cancel</a>
    </ion-footer-bar>
</ion-modal-view>
```

8.3.9 创建 SCSS

更新 scss/ionic.app.scss 如下,我们重写或者增加了一些样式。

首先我们重新定义 4 个 Ionic SCSS 变量，然后引入 Ionic SCSS 框架。

```scss
$positive: #1976D2 !default;
$font-family-base: 'Lato',
sans-serif !default;
$tabs-striped-off-opacity: 1 !default;

// ionicons 字体文件的路径，该路径是相对路径（相对于 www/css 目录）
$ionicons-font-path: "../lib/ionic/fonts" !default;

//包含所有的 Ionic
@import "www/lib/ionic/scss/ionic";
```

接下来重写 bar tittle 和 slide box 的样式：

```scss
.bar .title {
    font-size: 21px;
}

.slider {
    background-color: #eee;
    min-height: 200px;
    max-height: 400px;
}

ion-slide img {
    width: 100%;
    height: 50%;
    margin: 0 auto;
    display: block;
    max-height: 350px;
    max-width: 500px;
}

.t-r {
    position: absolute;
    top: 5px;
    right: 0;
```

```css
    margin: 20px;
    margin-right: 5px;
    margin-left: 25px;
    text-align: center;
    width: 84%;
}

.b-r {
    position: absolute;
    bottom: 5px;
    margin: 20px;
    right: 0px;
    margin-right: 5px;
    margin-left: 25px;
    text-align: center;
    width: 84%;
}

.c-c {
    position: absolute;
    top: 25%;
    margin: 20px;
    left: 0px;
    margin-right: 5px;
    margin-left: 25px;
    text-align: center;
    width: 84%;
}

ion-slide label {
    font-size: 21px;
    color: #333;
    padding: 5px;
    border-radius: 5px;
    background: linear-gradient(to right, #e2e2e2 0%, #dbdbdb 50%, #d1d1d1 51%, #fefefe 100%);
    opacity: 0.8;
}
```

为聊天窗口添加样式:

```css
.footerInput {
    width: 77%;
}

.chat-img {
    width: 50%;
}

.left,
.right {
    width: 75%;
    clear: both;
    margin: 5px;
}

.left {
    float: left;
    text-align: left;
}

.right {
    float: right;
    text-align: right;
}

.usr-img {
    width: 48px;
}

map {
    display: block;
    width: 100%;
    height: 100%;
}

.inline-map {
    height: 200px;
    border: 1px solid #787878;
```

```
}

.scroll {
    height: 100%;
}
```

8.4 测试应用程序

现在已经完成构建应用程序，我们将添加 iOS 和 Android 平台支持，然后进行测试。运行以下命令：

```
ionic platform add ios
ionic platform add android
```

接下来我们将模拟运行 App。我将用 Samsung Galaxy Note 3 和 iOS emulator 作为测试设备。

我已经在 Android 设备和 iOS 模拟器上测试过该 app。你可以这么做，你也可以使用 Android 模拟器和 iOS 模拟器进行测试。在 Android 系统上启动模拟应用程序，执行以下命令：

```
ionic run android -l -c
```

在 iOS 模拟器上运行，执行以下命令：

```
ionic emulate ios -l -c
```

> **提示：**
> -l 参数设置实时加载选项，-c 参数打开 JavaScript 控制台日志。这两个参数是在模拟器/设备上对于调试 Ionic 最有帮助的。

当 App 启动后，可以看到如图 8.6 所示的界面。

点击 Login With Google 后，你可以看到如图 8.7 所示的 Google authentication 页面。

一旦授权成功，你将看到确认信息页（图 8.8 的左半部分）。如果你是第二次授权登录用户，将会被要求离线访问权限（图 8.8 的右半部份）。

8.4 测试应用程序 295

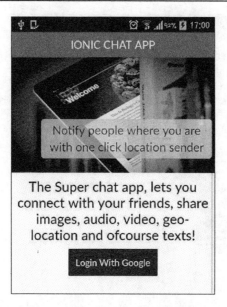

图 8.6

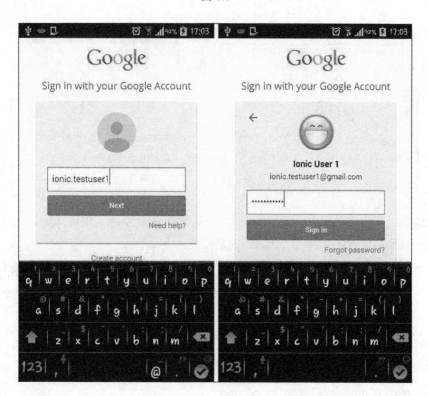

图 8.7

296　第 8 章　构建聊天 App

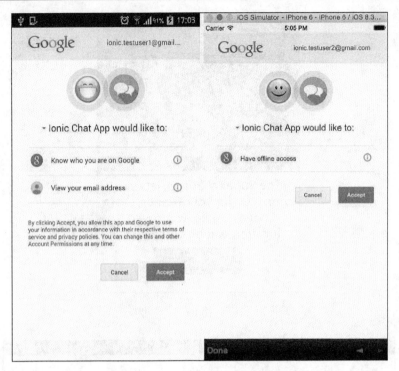

图 8.8

提示：
我使用 ionic.testuser1@gmail.com 账号登录 Android 设备，使用 ionic.testuser2@gmail.com 账号登录 iOS 模拟器。

登录成功后，你将看到包含在线用户列表的 dashboard 页面，如图 8.9 的左图所示。当你点击用户，你将进入聊天界面，如图 8.9 的右图所示。

用户可以和其他人聊天，输入文本信息，然后点击发送按钮。点击更多按钮后，用户可以看到选项框，如图 8.10 的左图所示。在选项框里用户可以和其他用户分享照片，如图 8.10 的右图所示。

用户可以通过点击 **Share My Location** 按钮分享他们的位置，如图 8.11 的左图所示。另一个用户可以在聊天页面看到分享的位置信息，如图 8.11 的右图所示。

这就是我们 Ionic 聊天应用程序。

8.4 测试应用程序 297

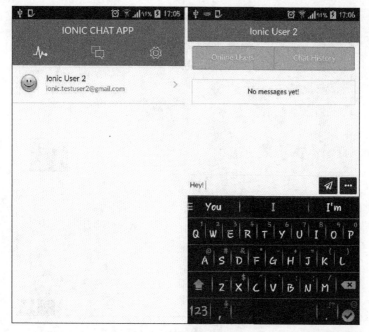

图 8.9

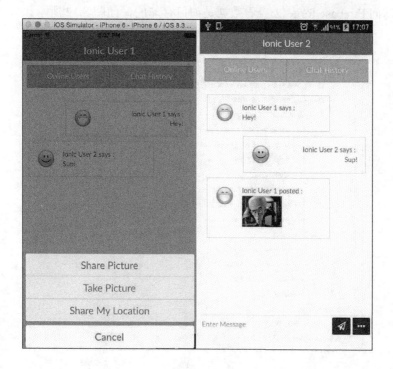

图 8.10

图 8.11

你可以访问 Firebase forge 去查看数据是如何存储的，如图 8.12 所示。

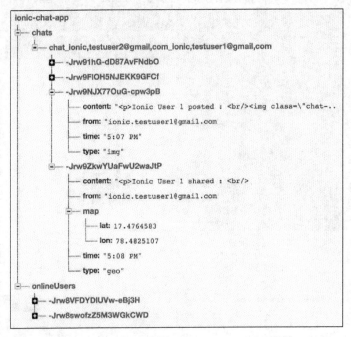

图 8.12

8.5 总结

在本章中,我们学习了如何用 Ionic、Cordova 和 Firebase 构建简单的聊天应用程序。我们学习了程序架构,Firebase 和 AngularFire,然后我们把这些集成到 Ionic App 中。我们也实现了聊天应用程序的核心内容,比如把 Cordova 插件集成到 Ionic App,并按照需求调用设备功能。

在下一章,也是本书的最后一章,我们将介绍如何为不同平台生成 App 安装包,并进行分享。

第 9 章 发布 Ionic App

在本章中,我们会学习三种生成 Ionic 安装包的方式:第一种方式是使用 PhoneGap 的构建服务,第二种方式是使用 Cordova CLI,第三种方式是使用 Ionic 打包服务。我们会为 ndroid 和 iOS 系统都生成安装包。本章中有以下主题:

- 生成图标和启动画面;
- 验证 `config.xml`;
- 使用 PhoneGap 构建服务来生成安装包;
- 使用 Cordova CLI 来生成安装包;
- 使用 Ionic package 命令来生成安装包。

9.1 准备用来发布的 App

我们已经成功构建了 Ionic 程序,接下来要发布它。使用 App Store 的帮助是获取更多用户最好的方式。在我们发布 App 之前,我们需要把定制的 App 图标和启动画面放入 App 之中。你可根据产品的需求来确定是否需要集成启动画面。

9.1.1 配置图标和启动画面

如要添加 Android 平台支持,请执行以下命令:

```
ionic platform add android
```

同样地,如要添加 iOS 平台支持,请执行以下命令:

```
ionic platform add ios
```

CLI 命令会自动添加一个名为 resources 的文件夹。你可以在第 8 章中创建的 ionic-chat-app 项目中查看。resources 文件夹中包含 iOS 或 Android 的文件夹，或者两者都有，根据你添加的平台来确定。在任意一个目录中，你可以看到名为 icon 和 splash 的子文件夹。

提示：
如果你的 App 需要启动画面，你可以保留 splash 文件夹；如不需要，删掉这个文件夹，以减小 App 安装包的大小。

制作图标时，你可以先制作大于 1024×1024 尺寸的图标，然后使用以下网站提供的服务：

- http://icon.angrymarmot.org/;
- http://makeappicon.com/;
- http://www.appiconsizes.com/。

以上是用来制作 Android 和 iOS 的图标和启动画面的方法。

提示：
本书和以上的网站没有合作关系。如使用网站提供的服务，需自行承担风险。

另外，你可以在 resources 文件夹下放置 icon.png 文件和 splash.png 文件，然后执行命令：

`ionic resources`

Ionic 会帮你上传图片到云端，然后调整到你需要的尺寸，再保存到 resources 文件夹下。

如果你只想要转换 icon 文件，你可以这样输入：

`ionic resources --icon`

同样地，如果你只想要转换启动画面文件，你可以这样输入：

`ionic resources --splash`

> **提示：**
>
> 你可以使用这个psd文件：http://code.ionicframework.com/resources/icon.psd 来设计你的icon，使用 http://code.ionicframework.com/resources/splash.psd 来设计启动画面。
> 你可以放置 `icon.png`、`icon.psd` 和 `icon.ai` 三个文件到 `resources` 文件的根目录，然后 `ionic resources` 命令会完成其余的工作。

9.1.2 更新 config.xml 文件

我们已经知道，`config.xml` 是 Cordova API 生成安装包时唯一所需的配置文件。所以，你需要在部署之前检验这个文件。你可以用以下的验证项，逐步验证，来确保 config.xml 都是符合规范的：

- Widget ID 是必需且符合规范的；
- Widget 的 version 是必需且符合规范的；
- 当 App 更新时，widget 的版本号也需要被更新，且是符合规范的；
- name 标签是必需且符合规范的；
- Description 标签是必需且符合规范的；
- Author 标签是必需且符合规范的；
- Access 标签是必需的且限定在指定域名（`https://github.com/apache/cordova-plugin-whitelist#network-requestwhitelist`）；
- Allow-navigation 是必需的且限定在指定域名（`https://github.com/apache/cordova-plugin-whitelist#navigationwhitelist`）；
- Allow-intent 是必需的且限定在指定域名（`https://github.com/apache/cordova-plugin-whitelist#intent-whitelist`）；
- 检查 `preferences` 标签；
- 检查图标和启动画面的资源路径；
- 检查权限配置；
- 检查 `index.html` 文件中的用来标记内容安全策略的 meta 标签（`https://`

github.com/apache/cordova-plugin-whitelist#content-security
policy)。

一旦前面这些项都检查完毕，我们就可以开始生成安装包。

小技巧：
关于本章的内容，你可以在 GitHub 上联系作者并提问
(https://github.com/learning-ionic/Chapter-9)。

9.2 PhoneGap 服务

我们首先使用 PhoneGap 构建服务来生成 App。这可能是生成 Android 和 iOS 安装包最简单的方式。

整个过程其实很简单：我们上传整个项目到 PhoneGap 服务，然后它会自动构建安装包。

提示：
你如果不想上传整个项目，你可以只上传 www 文件夹，你需要做如下变动：
首先移动 config.xml 文件到 www 目录中，然后移动 resources 文件夹到 www 目录中，最后在 config.xml 中更新 resources 的路径。
如果经常要做这个操作，我建议使用脚本来生成 PhoneGap 的部署文件夹。

如果你只希望发布 Android 平台的 App，你已经完成了所有步骤。但如果你还想生成 iOS 的安装包，你需要有 Apple 开发者账号，然后按照以下网址的步骤制作需要的证书：http://docs.build.phonegap.com/en_US/signing_signing-ios.md.html。

提示：
你也可以按照以下网址中的步骤对 Android app 进行签名：http://docs.build.phonegap.com/en_US/signing_signing-android.md.html。

一旦获得了需要的证书和密钥，就可以开始生成安装包了。可以继续执行以下步骤。

1. 创建一个 PhoneGap 账户并登录：https://build.phonegap.com/plans。

2. 然后导航到 https://build.phonegap.com/people/edit，选择 Signing Keys 菜单项，上传 iOS 和 Android 证书。

3. 接着导航到 https://build.phonegap.com/apps，点击 New App。你可以通过拉取 Git 仓库的代码或者通过上传 zip 包的方式来创建 App。

4. 为了测试这个服务，你可以按照以下目录结构来创建一个 .zip（不能是 .rar 或 .7z）文件：

   App（根目录）

   config.xml

   resources（文件夹）

   www（文件夹）

   然后在 config.xml 中更新 resources 的路径。以上是通过 PhoneGap 构建 App 的所需步骤。

5. 上传 zip 文件到 https://build.phonegap.com/apps，然后点击 Create App。

这个过程通常需要大约一分钟。

> 提示：
> 有时，你可能会在构建服务时遇到未知的错误。请稍安勿躁，过段时间再试一次。根据服务器的性能和网络差异，有时会多花一些时间。

9.3 使用 Cordova CLI 来生成安装包

现在我们将要使用 Cordova CLI 来生成 Android 和 iOS 的安装包。

9.3.1 Android 安装包

首先，我们来看一下如何使用 Cordova CLI 来生成 Android 安装包。

1. 在项目根目录中打开终端。

2. 移除多余的插件：

```
ionic plugin rm cordova-plugin-console
```

3. 构建 release 模式的 app：

   ```
   cordova build --release android
   ```

   这样就能生成未签名的安装包，默认生成位置是：`/platforms/android/build/outputs/ apk/android-release-unsigned.apk`。

4. 接下来，我们需要创建一个签名的密钥。如果你已经有了签名密钥，或者只是更新现有的 app，请直接跳到步骤 6。

5. 私人密钥是使用密钥工具制作的。我们会创建一个名为 `deploy-keys` 的文件夹来存储所有的密钥。当文件夹创建好后，使用 cd 命令定位到文件夹中，然后输入：

   ```
   keytool -genkey -v -keystore app-name-release-key.keystore
   -alias alias_name -keyalg RSA -keysize 2048 -validity 10000
   ```

   你需要对图 9.1 中的问题进行回答。

```
→ deploy-keys  keytool -genkey -v -keystore app-name-release-key.keystore -alias my-ionic-app -keyalg RSA -keysize 2048 -validity 10000
Enter keystore password:
Re-enter new password:
What is your first and last name?
  [Unknown]:  Arvind Ravulavaru
What is the name of your organizational unit?
  [Unknown]:  Stack Engineering
What is the name of your organization?
  [Unknown]:  JackalStack Technologies Pvt. Ltd.
What is the name of your City or Locality?
  [Unknown]:  Hyderabad, India
What is the name of your State or Province?
  [Unknown]:  Andhra Pradesh
What is the two-letter country code for this unit?
  [Unknown]:  IN
Is CN=Arvind Ravulavaru, OU=Stack Engineering, O=JackalStack Technologies Pvt. Ltd., L="Hyderabad, India", S
T=Andhra Pradesh, C=IN correct?
  [no]:  YES

Generating 2,048 bit RSA key pair and self-signed certificate (SHA256withRSA) with a validity of 10,000 days
        for: CN=Arvind Ravulavaru, OU=Stack Engineering, O=JackalStack Technologies Pvt. Ltd., L="Hyderabad,
 India", ST=Andhra Pradesh, C=IN
Enter key password for <my-ionic-app>
        (RETURN if same as keystore password):
[Storing app-name-release-key.keystore]
```

图 9.1

提示：
如果你丢失了此文件或忘记了密码，你将再也不能提交更新至 App Store 了。

6. 可选步骤：你可以复制 `android-release-unsigned.apk` 到 `deploy-keys` 文件夹，然后运行之前的命令。

7. 接下来，我们会使用 `jarsigner` 工具对未签名的 APK 进行签名：
   `jarsigner -verbose -sigalg SHA1withRSA -digestalg SHA1 -keystore app-name-release-key.keystore ../platforms/android/build/outputs/apk/android-releaseunsigned.apk my-ionic-app`
   当创建密钥库时，你会被要求输入在第一个步骤中设定的密码。一旦签名完成，`android-release-unsigned.apk` 文件会被替换为已签名的版本。

   提示：
   我们是在 `deploy-keys` 文件夹中运行上述命令的。

8. 最后，我们会运行 `zipalign` 优化工具来优化这个 APK：
   `zipalign -v 4 ./platforms/android/build/outputs/apk/androiddrelease-unsigned.apk my-ionic-app.apk`

上面的命令会在 `deploy-keys` 文件夹中创建 `my-ionic-app.apk`。现在你就可以把这个 APK 放到应用商店中了。

9.3.2　iOS 安装包

接下来，我们将要使用 Xcode 来生成 iOS 安装包。你可以执行如下的步骤。

1. 在项目的根目录开启一个终端。

2. 移除多余的插件
   `ionic plugin rm cordova-plugin-console`

3. 运行命令：
   `ionic build -release ios`

4. 定位到 `platforms/ios` 文件夹，然后使用 Xcode 打开 `projectname.xcodeproj`。

5. 一旦项目导入了 Xocde 且勾选了 iOS Device 的选项，请在导航菜单中选择 Product，然后点击 Archive。

   提示：
   如果你看到的 Archive 是不可用的，参考这个网址解决：
   `http://stackoverflow.com/a/18791703`。

6. 接下来，在导航栏菜单中选择 Window->Organizer。你会看到已创建的压缩包列表。

7. 点击你创建的压缩包缩略图，然后点击 Submit to App Store。这时你的账户会被验证，然后应用会上传到 Apple Store。

8. 最后，你需要登录 Apple Store 去设置缩略图、描述等信息。

9.4 Ionic 打包

在本书写作时，Ionic 打包功能仍然属于测试版。所以我最后再介绍它。

9.4.1 上传项目到 Ionic cloud

使用 Ionic 云服务来生成安装包非常简单。首先我们使用以下命令上传 app 到 Ionic 账户：

`ionic upload`

> 提示：
> 在执行以上命令之前登录你的 Ionic 账户。如果你的项目中有敏感信息，上传应用之前请检查一下 Ionic 证书。

一旦 App 上传成功，系统会自动为你的 App 生成一个 App ID。你可以在项目根目录的 inoic.project 文件中找到这个 App ID。

9.4.2 生成需要的密钥

你需要按照生成 Android 安装包步骤中的第五步，来获得 keystore 文件。

接下来，我们使用 ionic package 命令来生成安装包：

`ionic package <options> [debug | release] [ios | android]`

所需要包含的参数如图 9.2 所示。

```
package [options] <MODE> <PLATFORM> ......  Package an app using the Ionic Build service (beta)
                                            <MODE> "debug" or "release"
                                            <PLATFORM> "ios" or "android"
            [--android-keystore-file|-k]    Android keystore file
            [--android-keystore-alias|-a]   Android keystore alias
            [--android-keystore-password|-w] . Android keystore password
            [--android-key-password|-r]     Android key password
            [--ios-certificate-file|-c]     iOS certificate file
            [--ios-certificate-password|-d] .. iOS certificate password
            [--ios-profile-file|-f]         iOS profile file
            [--output|-o]                   Path to save the packaged app
            [--no-email|-n]                 Do not send a build package email
            [--clear-signing|-l]            Clear out all signing data from Ionic server
            [--email|-e]                    Ionic account email
            [--password|-p]                 Ionic account password
```

图 9.2

如果你要生成一个 release 模式的 Android 安装包，需要运行如下命令：

```
ionic package release android -k app-name-release-key.keystore -a myionic-app -w 12345678 -r 12345678 -o ./ -e arvind.ravulavaru@gmail.com -p 12345678
```

提示：
我们在 `deploy-keys` 目录下运行以上的命令。

同样地，以上命令的 iOS 版本如下所示：

```
ionic package release ios -c certificate-file -d password -f profilefile -o ./ -e arvi nd.ravulavaru@gmail.com -p 12345678
```

提示：
ionic package 命令在 Ionic CLI 1.5.2 中已经被移除。
你可以参考这个网址：https://github.com/driftyco/ionic-cli/issues/214#issuecomment-109349399。

9.5 总结

到此为止，我们完成了 Ionic 之旅。简单地总结一下：我们先理解了为什么我们要用 AngularJS。然后，我们学习了手机混合应用如何工作，以及如何集成 Cordova 和 Ionic。接着，我们了解了多种 Ionic 模板和 CSS 组件，以及 Ionic 的指令和服务。应用以上知识，我们构建了一个使用 REST API 的 Ionic 应用程序。然后，我们了解了 Cordova 和 ngCordova，以及怎样使用他们。接下来，我们使用 Ionic 和 Cordova 创建了一个聊天程序。最后，我们学习了怎样生成 app 安装包，以及如何将其发布到 App Store。

附录 A
其他实用命令及工具

本书的主要目标是让读者尽可能地掌握 Ionic。所以，本书在第 1 章到第 9 章逐步地从 Cordova 的基础知识讲到如何用 AngularJS、Ionic 和 Cordova 来构建一个 App。我们主要关注 Ionic 的基础知识。在附录中，我们会了解一些 Ionic CLI：Ionic.io 的参数，ionic-box 及 Sublime Text 的插件。

小技巧：
你可以在以下网址中交流本附录中的问题：https://github.com/learning-ionic/Appendix。

A.1 Ionic CLI

Ionic CLI 的命令的功能越来越强大。在本书写作时，最新的 Ionic CLI 的版本是 1.5.5。因为我们整本书所用的 Ionic CLI 版本是 CLI 1.5.0，所以我接下来会介绍这个版本的命令。

A.1.1 Ionic login 命令

你可以使用以下三种方式来登录 Ionic 云端账户。

第一种，运行如下命令，然后根据提示输入账号密码：

```
ionic login
```

第二种，把账号密码包含在命令中，如下：

```
ionic login --email arvind.ravulavaru@gmail.com --password 12345678
```

最后一种是使用环境变量。你可以设置 IONIC_EMAIL 和 IONIC_PASSWARD 作为环境变量。这是一种不安全的方式，因为密码会以明文方式存储。

> 提示：
> 为了能够成功认证，你需要在 Ionic.io 上注册一个账号。

A.1.2　Ionic start 命令

首先我们讲一下 ionic start 命令里的 No Cordova 标识参数。

A.1.3　No Cordova 标识

`Ionic start` 命令是创建 Ionic 应用程序的最简单的方式之一。本书中，我们一直在使用 `Ionic start` 命令来构建一个新的 Cordova/Ionic 项目。但是 Ionic 也可以不依赖于 Cordova 单独使用。

为了创建一个不依赖于 Cordova 的 Ioinic 项目，你需要在执行 `Ionic start` 的时候，使用 `-w` 参数，或者 `-no-cordova` 参数：

```
ionic start -a "My Mobile Web App" -i app.web.mymobile -w
myMobileWebApp maps
```

构建好的项目的目录结构如下：

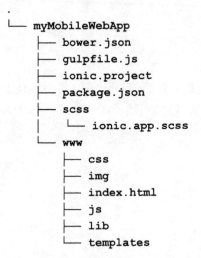

然后，你可以使用 `cd` 命令定位到 myMobileWebApp 目录，运行 `ionic serve` 命令。

A.1.4　初始化带有 SCSS 的项目

你可以使用 `-s` 或者 `-sass` 参数，来初始化带有 SCSS 的项目：

```
ionic start -a "Example 1" -i app.one.example --sass example1 blank
```

A.1.5 列出所有 Ionic 的模板

为了查看所有可选的模板，你可以在执行 `ionic start` 命令的时候，使用 `-l` 或者 `-list` 参数：

```
ionic start -l
```

目前为止，有以下可选的模板。

```
blank ............... A blank starter project for Ionic
complex-list ........ A complex list starter template
maps ................ An Ionic starter project using Google Maps and a
side menu
salesforce .......... A starter project for Ionic and Salesforce
sidemenu ............ A starting project for Ionic using a side menu
with navigation in the content area
tabs ................ A starting project for Ionic using a simple tabbed
interface
tests ............... A test of different kinds of page navigation
```

> **提示：**
> 在写作本附录时，`complex-list` 还是一个空的模板，
> `tests` 模板通常被内部团队作测试使用。

A.1.6 App ID

如果使用 Ionic 云服务，每一个在云端创建的项目都会有一个 App ID（参考 Ionic.io apps 这个模块获取更多信息）。这个 App ID 会在工程根目录的 `ionic.project` 文件里。

当你构建新的工程时，App ID 是空的。当你想关联当前创建的工程到云端已存在的项目上，你可以运行 `ionic start` 任务，使用 `-io-app-id` 参数，来传入云端生成的 App ID：

```
ionic start -a "Example 2" -i app.two.example --io-app-id "b82348b5"
example2 blank
```

执行完后，`ionic.project` 文件中的内容会是这样：

```
{
  "name": "Example 2",
  "app_id": "b82348b5"
}
```

A.1.7　Ionic link 命令

本地创建的工程可以通过以下命令关联到云端的项目（参考 Ionic.io apps 获取更多信息）：

```
ionic link b82348b5
```

你也可以通过以下命令移除已经存在的 App ID：

```
ionic link --reset
```

A.1.8　Ionic info 命令

如要查看已安装的库和版本，运行下述命令：

```
ionic info
```

会出现如下信息：

```
Cordova CLI: 5.0.0
Gulp version: CLI version 3.8.11
Gulp local:
Ionic Version: 1.0.0
Ionic CLI Version: 1.5.0
Ionic App Lib Version: 0.1.0
ios-deploy version: 1.7.0
ios-sim version: 3.1.1
OS: Mac OS X Yosemite
Node Version: v0.12.2
Xcode version: Xcode 6.3.2 Build version 6D2105
```

A.1.9　Ionic templates 命令

如要查看可用模板的列表，你可以使用 start 命令或者 templates 命令：

```
ionic templates
```

A.1.10　Ionic browsers 命令

默认情况下，Ionic 使用当前系统的浏览器来渲染网页内容。你可以使用 Crosswalk（https://crosswalkproject.org/），也可以使用用户体验更好和支持更多的 Crosswalk lite 来替代默认浏览器。目前为止，你只能添加 2 个浏览器。你可以通过以下命令查看支持的浏览器列表：

```
ionic browser list
```

运行命令后，会出现如下信息：

```
iOS - Browsers Listing:
Not Available Yet - WKWebView
Not Available Yet - UIWebView

Android - Browsers Listing:
Available - Crosswalk - ionic browser add crosswalk
        Version 8.37.189.14
        Version 9.38.208.10
        Version 10.39.235.15
        Version 11.40.277.7
        Version 12.41.296.5
(beta) Version 13.42.319.6
(canary) Version 14.42.334.0

Available - Crosswalk-lite - ionic browser add crosswalk-lite
(canary) Version 10.39.234.
(canary) Version 10.39.236.1

Available - Browser (default) - ionic browser revert android
Not Available Yet - GeckoView
```

可以看到，现在还不支持 `WKWebView` 和 `UIWebView`。但在特定的 Android app 上，你可以使用 Crosswalk。如要添加 Crosswalk 到现有的工程上（例子 3），运行下述命令：

```
ionic browser add crosswalk
```

一旦浏览器成功添加，你可以在 `ionic.project` 文件中找到它。

如要切换到默认浏览器，执行以下命令：

```
ionic browser revert android
```

A.1.11　Ionic lib 命令

你可以通过以下命令升级 Ionic 库到最新版本：

```
ionic lib update
```

> **提示：**
> 你也可以指定要更新到的版本：
> ```
> ionic lib update -v 1.0.0-rc.1
> ```

A.1.12 Ionic state 命令

Ionic state 命令可以管理你的 Ionic 工程的状态。你可以使用它来保存和恢复工程状态。你可以使用–nosave 参数，使插件和平台信息不会更新到 package.json 文件中。

```
ionic plugin add cordova-plugin-console --nosave
```

你也可以添加一些新的插件（通过使用–nosave 参数来添加）来观察执行命令后的效果。你需要添加它们到 package.json 文件中去，执行以下命令：

```
ionic state save
```

这个命令会查找你所安装的插件和平台，然后把需要的信息添加到 package.json 文件中去。另外，你可以分别使用–plugins 和–platforms 参数来运行前面的命令，用来保存指定的插件和平台。

如果你添加了一些插件但是运行不正确，你可以通过以下命令来恢复到之前的状态：

```
ionic state reset
```

如果你想恢复插件或平台，你可以通过以下命令来更新 package.json 文件：

```
ionic state restore
```

> **提示：**
> reset 命令会先删除 platforms 和 plugins 文件夹，并重新创建它们。restore 命令只能恢复 platform 和 plugins 文件夹中缺失的内容。

A.1.13 Ionic ions

下述文字来自于 ions CLI：

"Ionic ions 是一些精选的组件、模块和交互扩展的集合。"

至今为止，一共有 4 种 ions。你可以运行这个命令来查看 ions 的列表：

`ionics ions`

有这些参数：

```
Header Shrink ........ 'ionic add ionic-ion-header-shrink'
```
像 Facebook 一样缩进的头部效果

```
Android Drawer ....... 'ionic add ionic-ion-drawer'
```
Android 风格的抽屉菜单

```
iOS Rounded Buttons .. 'ionic add ionic-ion-ios-buttons'
```
iOS "Squircle" 风格的图标

```
Swipeable Cards ...... 'ionic add ionic-ion-swipe-cards'
```
Jelly 中滑动的交互效果

```
Tinder Cards ......... 'ionic add ionic-ion-tinder-cards'
```
Tinder 卡片滑动的交互效果

你可以使用 Add 命令来添加一个 ion。一旦添加了 ion，你可以定位到 www/lib 文件夹，然后进入 ion 文件夹中，查看这些组件。

比如，如果我们创建了一个使用 blank 模版的工程（example4），你可以运行如下命令来添加 Swipe Cards ion：

`ionic add ionic-ion-swipe-cards`

在 www/lib/ionic-ion-swipe-card 文件夹中，你可以找到 bower 组件。在 example4 中，你可以找到关于如何安装它的更多信息。

你可以运行如下命令来移除已经添加的 ion：

`ionic rm ionic-ion-swipe-cards`

> 提示：
> ionic add 和 ionic rm 命令也能用来添加和移除 bower 管理的包。

A.1.14　Ionic resources 命令

当你添加一个新的平台，默认情况下，resources 文件夹中包含了当前平台的图标和启动画面的图片。这些图标和启动画面图片用的是默认图片。如果你想要在工程中使用自定义的图标，你只需运行 Ionic resources 命令。

这个命令会在 resources 文件夹中查找名为 icon.png 和 splash.png 的图片，来创建适合当前平台的所有设备的图标和启动画面图片的资源。

你可以使用你自己的图片来替换这两种图片，然后运行：

ionic resources

如果你只想要替换图标，你可以使用-i 的参数。如果只想替换启动画面图片，使用-s 参数。

> 提示：
> 你也可以使用.png、.psd（示例模板：http://code.ionicframework.com/resources/icon.psd 和 http://code.ionicframework.com/resources/splash.psd）或者.ai 文件来生成图标。你可以在这个网址中获取更多信息：http://blog.ionic.io/automating-icons-and-splash-screens/。

A.1.15　Ionic server、emulate、run 命令

Ionic 提供了三种命令，分别用来在浏览器、模拟器和设备中运行 app。这三种命令各有一些实用的参数。

如果你想在模拟器上也像在真机上一样有 live reload 功能，那么，在调试时，使用-l 参数来实现 live reload，-c 参数来打开打印 JavaScript 控制台错误。这是至今为止 Ionic CLI 中最好且最常用的工具了。这个命令节省了很多调试的时间：

```
ionic serve -l -c
ionic emulate -l -c
ionic run -l -c
```

你可以在使用 ionic serve 时使用图 A.1 中的参数。

```
serve [options] ................... Start a local development server for app dev/testing
    [--consolelogs|-c] .............. Print app console logs to Ionic CLI
    [--serverlogs|-s] ............... Print dev server logs to Ionic CLI
    [--port|-p] ..................... Dev server HTTP port (8100 default)
    [--livereload-port|-r] .......... Live Reload port (35729 default)
    [--nobrowser|-b] ................ Disable launching a browser
    [--nolivereload|-d] ............. Do not start live reload
    [--noproxy|-x] .................. Do not add proxies
    [--address] ..................... Use specific address or return with failure
    [--all|-a] ...................... Have the server listen on all addresses (0.0.0.0)
    [--browser|-w] .................. Specifies the browser to use (safari, firefox, chrome)
    [--browseroption|-o] ............ Specifies a path to open to (/#/tab/dash)
    [--lab|-l] ...................... Test your apps on multiple screen sizes and platform types
    [--nogulp] ...................... Disable running gulp during serve
    [--platform|-t] ................. Start serve with a specific platform (ios/android)
```

图 A.1

如果你的应用在 Android 和 iOS 上有不同的界面和体验，你可以运行以下命令，在两个平台上进行测试：

```
ionic serve -l
```

你可以根据你的需求，来了解其他参数的使用。当你使用 ionic run 命令或 emulate 命令时，你可以使用图 A.2 中的参数。

```
run [options] <PLATFORM> ............ Run an Ionic project on a connected device
    [--livereload|-l] ............... Live reload app dev files from the device (beta)
    [--port|-p] ..................... Dev server HTTP port (8100 default, livereload req.)
    [--livereload-port|-r] .......... Live Reload port (35729 default, livereload req.)
    [--consolelogs|-c] .............. Print app console logs to Ionic CLI (livereload req.)
    [--serverlogs|-s] ............... Print dev server logs to Ionic CLI (livereload req.)
    [--debug|--release]
    [--device|--emulator|--target=FOO]

emulate [options] <PLATFORM> ........ Emulate an Ionic project on a simulator or emulator
    [--livereload|-l] ............... Live reload app dev files from the device (beta)
    [--port|-p] ..................... Dev server HTTP port (8100 default, livereload req.)
    [--livereload-port|-r] .......... Live Reload port (35729 default, livereload req.)
    [--consolelogs|-c] .............. Print app console logs to Ionic CLI (livereload req.)
    [--serverlogs|-s] ............... Print dev server logs to Ionic CLI (livereload req.)
    [--nohooks|-n] .................. Do not add default Ionic hooks for Cordova
    [--debug|--release]
    [--device|--emulator|--target=FOO]
```

图 A.2

很容易理解吧！

A.1.16　Ionic upload 和 share 命令

你可以运行以下命令来上传当前 Ionic 项目到你的 Ionic.io 账户中：

```
ionic upload
```

> **提示：**
> 你必须要有一个 ionic.io 账户才能使用这个功能。

一旦 App 上传完，你可以访问 https://apps.ionic.io/apps，在页面上查看它。你可以使用 share 命令来分享这个 App，只需要在命令中加入需要分享的人的 e-mail 地址，如下所示：

```
ionic share arvind.ravulavaru@gmail.com
```

A.1.17　Ionic view 命令

你可以使用 Ionic view 命令在设备上预览你的 App。一旦你的 App 上传到你的 Ionic.io 账户中，你可以下载 Ionic View 的 App，然后在设备上预览你的 App。

> **提示：**
> 你可以在这里找到关于 Ionic view 的更多信息：http://view.ionic.io/。

A.1.18　Ionic help 和 docs 命令

你可以运行如下命令查看所有的 Ionic CLI 任务清单：

```
ionic -h
```

你可以运行如下命令来打开文档：

```
ionic docs
```

你可以运行如下命令来查看所有可用的文档：

```
ionic docs ls
```

同样地，你可以使用如下命令来打开指定的文档（比如 `ionicBody`）：

```
ionic docs ionicBody
```

A.2　Ionic Creator 命令

Ionic Creator 是另一个你可以用来快速构建 Ionic UI 的在线工具。你可以前往 http://creator.ionic.io/ 来使用这个工具。你需要有一个 Ionic.io 的账户来使用这个工具。

使用 Ionic Creator，你可以拖动一些 Ionic 的组件，然后快速构建 App 的雏形。这个 App 在云端是一直存在的，你可以随时查看和修改它。

Ionic Creator（在设计 App 时）如图 A.3 所示。

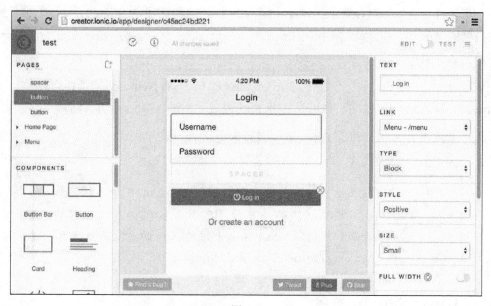

图 A.3

一旦设计完 App，可以通过以下三种方法来下载 App。

- 使用 Ionic CLI：

`ionic start [appName] creator:c45ac24bd221`

- 下载工程文件的压缩包。
- 下载 HTML 文件。

你可以在点击⊕图标（页面左上方）时找到这三种方法。

提示：
你可以在这个网址中获取关于 Ionic Creator 的更多知识：http:// thejackalofjavascript.com/ ionic-creator-beta/。

A.3 Ionic.io apps

你可以在 https://apps.ionic.io/apps 创建和管理你的 Ionic App。在前面的命令中提到的 App ID 是指我们在使用 https://apps.ionic.io/apps 创建新的 App 时所生成的 App ID。

你可以点击在 https://apps.ionic.io/apps 中的 New App 的按钮来创建一个新的 App。一旦 App 创建成功，你可以点击 App 的名字，进入 App 详情页面。

你可以点击 App 详情页面的 Settings 链接来更新 App 的设置。

> 提示：
> 你可以在这个网址中获取更多关于设置 Ionic App 的信息：
> http://docs.ionic.io/v1.0/docs/io-quick-start。
> 截至今天，通过 Ionic Creator 创建的 App 的功能不会显示在 https://apps.ionic.io/apps 中。

A.4 Ionic Push 命令

你可以通过添加 Push（https://github.com/phonegap-build/PushPlugin）插件来给你的 Ionic 应用推送通知。你也可以使用 Ionic 的推送模板来实现：

```
ionic add ionic-service-core
ionic add ionic-service-push
ionic start myPushApp push
cd myPushApp
ionic plugin add https://github.com/phonegap-build/PushPlugin.git
ionic upload
```

然后，你可以回到 app.ionic.io 页面，再进入应用设置页面。在 www/js/app.js 中，你可以找到 config 方法，然后使用应用设置页面中的值来更新以下代码段：

```
.config(['$ionicAppProvider', function($ionicAppProvider) {
  // Identify app
  $ionicAppProvider.identify({
    // The App ID for the server
    app_id: 'YOUR_APP_ID',
```

```
    // The API key all services will use for this app
    api_key: 'YOUR_PUBLIC_API_KEY'
  });
}])
```

然后，你可以参照 Android Push（http://docs.ionic.io/v1.0/docs/push-android-setup）或者 iOS Push（http://docs.ionic.io/v1.0/docs/push-ios-setup）的设置向导来实现推送通知。

提示：
你可以在这个网址找到关于推送通知的更多信息：http://docs.ionic.io/v1.0/docs/push-from-scratch。

A.5　Ionic Deploy 命令

Ionic Deploy 是属于 Ionic.io 的服务。Ionic Deploy 能让你在不提交 App Store 的情况下对你的应用进行修改。这样可以为开发者节省很多时间。

提示：
你只能更新不需要编译的文件，比如 HTML、CSS、JavaScript 和图片等资源文件。

截至现在，Ionic Deploy 的版本是 Alpha。

提示：
你可以在以下网址获取关于 Ionic Deploy 的更多信息：http://blog.ionic.io/announcing-ionic-deploy-alpha-update-your-appwithout-waiting/ 和 http://docs.ionic.io/v1.0/docs/deploy-from-scratch。

A.6　Ionic Vagrant box

如果你的团队有多个开发者，并且他们使用不同的开发环境来开发 Ionic 应用，你可以使用 Ionic Vagrant box 来搭建一个统一的开发环境。

> **提示：**
> 如果你第一次接触 Vagrant，请查看以下网址获取更多信息：http://vagrantup.com。你也可以在以下网址获取关于 ionic-box 的更多信息：https://github.com/driftyco/ionic-box。

A.7 Ionic Sublime Text 插件

如果你是一个 Sublime Text 用户，且想要拥有 Ionic 的代码提示功能，你可以安装以下包：

- **Ionic snippets**：https://packagecontrol.io/packages/Ionic%20Snippets。
- **Ionic Framework Snippets**：https://packagecontrol.io/packages/Ionic%20Framework%20Snippets。
- **Ionic Framework Extended Autocomplete**：https://packagecontrol.io/packages/Ionic%20Framework%20Extended%20Autocomplete。

A.8 总结

至此，本书已完结。希望它能帮助到你们。

欢迎各位读者与我联系，我的 Twitter 账户是 https://twitter.com/arvindr21，Github 账户是 https://github.com/arvindr21。

感谢！

欢迎来到异步社区！

异步社区的来历

异步社区（www.epubit.com.cn）是人民邮电出版社旗下IT专业图书旗舰社区，于2015年8月上线运营。

异步社区依托于人民邮电出版社20余年的IT专业优质出版资源和编辑策划团队，打造传统出版与电子出版和自出版结合、纸质书与电子书结合、传统印刷与POD按需印刷结合的出版平台，提供最新技术资讯，为作者和读者打造交流互动的平台。

社区里都有什么？

购买图书

我们出版的图书涵盖主流IT技术，在编程语言、Web技术、数据科学等领域有众多经典畅销图书。社区现已上线图书1000余种，电子书400多种，部分新书实现纸书、电子书同步出版。我们还会定期发布新书书讯。

下载资源

社区内提供随书附赠的资源，如书中的案例或程序源代码。

另外，社区还提供了大量的免费电子书，只要注册成为社区用户就可以免费下载。

与作译者互动

很多图书的作译者已经入驻社区，您可以关注他们、咨询技术问题；可以阅读不断更新的技术文章，听作译者和编辑畅聊好书背后有趣的故事；还可以参与社区的作者访谈栏目，向您关注的作者提出采访题目。

灵活优惠的购书

您可以方便地下单购买纸质图书或电子图书，纸质图书直接从人民邮电出版社书库发货，电子书提供多种阅读格式。

对于重磅新书，社区提供预售和新书首发服务，用户可以第一时间买到心仪的新书。

用户账户中的积分可以用于购书优惠。100积分=1元，购买图书时，在　　　　里填入可使用的积分数值，即可扣减相应金额。

特 别 优 惠

购买本书的读者专享异步社区购书优惠券。

使用方法：注册成为社区用户，在下单购书时输入 S4XC5 使用优惠码，然后点击"使用优惠码"，即可在原折扣基础上享受全单9折优惠。（订单满39元即可使用，本优惠券只可使用一次）

纸电图书组合购买

社区独家提供纸质图书和电子书组合购买方式，价格优惠，一次购买，多种阅读选择。

社区里还可以做什么？

提交勘误

您可以在图书页面下方提交勘误，每条勘误被确认后可以获得100积分。热心勘误的读者还有机会参与书稿的审校和翻译工作。

写作

社区提供基于Markdown的写作环境，喜欢写作的您可以在此一试身手，在社区里分享您的技术心得和读书体会，更可以体验自出版的乐趣，轻松实现出版的梦想。

如果成为社区认证作译者，还可以享受异步社区提供的作者专享特色服务。

会议活动早知道

您可以掌握IT圈的技术会议资讯，更有机会免费获赠大会门票。

加入异步

扫描任意二维码都能找到我们：

异步社区

微信服务号

微信订阅号

官方微博

QQ群：436746675

社区网址：www.epubit.com.cn

投稿&咨询：contact@epubit.com.cn